向下讚美

一人でも
部下がいる人のため
のほめ方の教科書

給對情緒價值，不尷尬的職場溝通術

中村早岐子——著
吳怡文——譯

「一句真誠的讚美，可能比一瓶抗憂鬱劑還有效」——從腦科學角度重新看待《向下讚美》的職場溝通力

基因醫師／張家銘

讚美，不只是好聽話，而是大腦的營養劑

我們都渴望被理解、被肯定，那種「終於有人看見我的努力了」的感覺，真的會在心裡激起一股暖流。這不只是情緒上的安慰，更是生理上的真實變化。近年來愈來愈多腦神經科學的研究指出：當人們感受到來自他人的真誠讚美時，大腦會釋放多巴胺、血清素、催產素等神經傳導物質，

這些不只讓我們開心，更讓我們更有行動力與信任感。

讀完《向下讚美》，我深深覺得，這本書不只是一本講溝通技巧的書，更像是一本「人際修復手冊」，幫助我們在這個人際關係日益緊張的時代，重新找回互相信任與情緒支持的力量。

從說話的「內容」，到成為那個「值得說話的人」

書裡最打動我們的，不是那些華麗話術，而是提醒我們：「比起說什麼，更重要的是誰說的。」我們大概都遇過這種情況：同一句話，從某位讓人信任的上司口中說出來，立刻感覺自己被看見了；但從平時只會冷眼批評的人口中說出來，卻只覺得是在敷衍。這不是錯覺，而是真實存在的心理機制。

我們的大腦其實很敏銳，能夠辨別語氣背後的情緒和意圖。書中談到的七大基本原則——從表情、態度到措辭、回應，都不是什麼艱深理論，而是日常就能做得到的「微行動」。但也正是這些細節，決定了一個人是否值得信賴。

一分鐘的讚美，可能改變對方一輩子

作者中村早岐子提到，她人生第一次被人讚美笑容，是高中時一位同學的爺爺說的：「妳的笑容好美，要好好珍惜喔。」就是這句話，讓她的人生走向了不同的方向，甚至成為今日能在三萬五千人中帶來改變的讚美講師。

我們從醫學角度知道，這種「社會性獎勵」對大腦有長期的正向塑造效應。這不只是一時的感動，而是真的會影響一個人對自我價值的認知，甚至促進前額葉的活化，提升決策力與情緒穩定性。這也是為什麼，職場上的領導者如果懂得「讚美而不奉承」，會比單純「給建議」更有影響力。

對話不是技巧，是心意的交流

《向下讚美》提供了很多實用情境，例如如何面對不同年齡、性別的部屬，如何在責備中保有溫度，甚至如何用第三者的話來間接肯定對方。這些技巧都不是讓人「變得八面玲瓏」，而是讓我們更勇敢地做一個真誠的人。

書中也提醒我們：「光是讚美，人不會改變；光是責備，人只會受傷。」真正有力量的領導，是能在讚美與檢討之間拿捏平衡，讓團隊成員感受到尊重，也願意一起進步。

在高壓的世界中，讚美是一種心理急救包

我們觀察到，現在職場上焦慮、倦怠甚至憂鬱的比例

愈來愈高。不少人不是身體累，而是「心理沒被看見」。尤其在「罵不得、管不了」的新世代溝通環境中，這本書提供了一種不帶攻擊、不失尊嚴的領導方式——先看見，再肯定，最後陪伴。

身為醫師，我很願意讓這本書放在診間，讓更多主管、老師、父母讀到。因為我們看到太多因為一句話而崩潰的人，也知道一句話可以讓人重新站起來。

《向下讚美》教我們的，是如何用語言修補關係，讓冷掉的職場，再次有溫度。

說出口的溫暖，就是影響力的起點

六堆伙房總經理／劉光凱

當主管久了，最常有一種感覺：「我不是不想鼓勵人，但我說的話，怎麼老是讓人聽不進去？」說話變成一場冒險，想表達關心，卻變成壓力；想提點對方，卻被認為是在找碴，你不是沒努力說好話，只是總覺得效果不如預期。

直到我讀了《向下讚美》，我才發現，原來問題不在我們說的「內容」，而在我們「給人的感覺」。作者中村早岐子用自己一路從「不會讚美」變成「相信讚美」

的歷程，分享了一種我很認同的態度：真正有效的溝通，不是話術，而是信任。

她說：「讚美和責備，其實目的是一樣的：我們都希望對方能更好。」但在現在的職場裡，斥責太容易被誤會，甚至會讓團隊氣氛瞬間沉掉；反而是一句真誠的肯定，會讓人重拾動力，也拉近了主管與部屬之間的距離。

我特別喜歡書裡提到的一個小方法：早上主動帶著笑容打招呼，「先手必笑」光是這個動作，就能讓一整天的氣氛變得不一樣，你不需要變成什麼超會說話的大師，但只要多一點觀察、多一點真誠，團隊的溫度真的會慢慢升上來。

不管是微笑打招呼、點頭傾聽、甚至只是一句「謝謝你」，這些看似平常的小舉動，其實就是每天可以做的「向下讚美」；我在帶領六堆伙房的團隊時，也曾經走過那種「什麼都自己來、什麼都看不順眼」的時期。

但說真的，責備從來沒讓團隊變強過，反而是從一次次鼓勵中，我們開始互相信任、互相補位，員工做事更有溫度、客人感受也更不一樣，整個環境自然就變了。

如果你也是主管、或是正在帶人、甚至只是想讓自己的溝通更順利，我真心推薦這本書。它不高調、不說教，卻會讓你一次次點頭、心裡默默說：「原來我也有相同的感受。」

讚美，不是加油打氣而已，是一種讓人願意前進的力量，從今天開始，試著說一句「你的努力，我都有放在心上」，你會發現身邊的世界真的會不一樣。

讓人發光的話語力量

臉書粉專《周博教你高效閱讀做筆記》
版主、閱讀與學習策略專家／周博

在我的課堂上，學生常會問：「老師，你怎麼有辦法讓我們願意主動思考？」我總笑笑回答：「不是我厲害，而是我讓你們覺得自己很厲害。」

這句話背後的關鍵，其實就是《向下讚美》這本書所強調的精髓——學會向下讚美，讓團隊與後進感受到被看見與被相信的力量。

我自己從創辦補教事業、進入學校教學、帶領學生讀書會，深刻體會到「讚美」不是表面功夫，而是一門需要練習、需要覺察的溝通技術。這本書的作者從空服員、秘密客的職涯轉為讚美講師，將她所見所聞的職場現場，濃縮為一套簡單卻深具效果的讚美技術：像是用「看見努力」取代「只讚美成果」，用「具體描述」取代「空泛鼓勵」。

我一直相信一件事：「當你主動釋出正向訊息時，對方的行為就會開始朝你讚美的方向改變。」這正是我在教學現場一再驗證的事實。無論是高中生、小學生，甚至是職場新鮮人，只要你真誠地指出他們的亮點，他們會想要繼續努力讓那個亮點發光。

《向下讚美》是一本適合所有教育者、主管、父母閱讀的小書。它不像一般管理書那樣抽象艱澀，而是用許多生活化例子，帶領我們一點一滴修正說話的習慣，重建溝通的溫度。

如果你正在帶人、育人、或想改變人——先從改變自己的「讚美方式」開始。

前言

前幾天我到某間銀行演講，講題是：讓身邊的人與自己都能閃亮耀眼的讚美方式。演講結束後，與分行經理聊了一下，他嘆了口氣說：「我要是早一點聽到中村老師的演講就好了。」

「今天是連假結束後的第一天，在早會上，因為我對部下講話太過嚴厲，搞得大家士氣非常低落。」連休結束後第一天，理應要鼓舞行員的士氣，不料卻變成這種令人遺憾的局面。部下的情緒肯定非常低落，分行經理自己似乎也很沮喪。

各位曾經遇過類似的經驗嗎？

過去，有許多新手主管或上司會來找我諮詢，認為責備部下是一件非常困難的事情，與下屬溝通時也常常遇到對方無法好好理解自己的想法的問題。現今這個時代，嚴厲的斥責很容易被視為職場霸凌，所以，有越來越多主管因為想說的話都不能說，導致無法和部下或後輩順暢溝通，而感到煩惱。

這個時候，我總是會先建議：「要不要先試著讚美他們？」或許有人會感到疑惑，但事實上，「讚美」和「檢討」在本質上是相同的，因為我們期待對方能夠「成長、充分發揮能力」，所以才會檢討部下，不是嗎？問題是，如何傳達這份期待，才能建立與部下之間的信賴關係。「檢討」

固然是一種方法，但效果更好的其實是「讚美」。

「雖然你這麼說，但現在才開始讚美，總覺得有點尷尬，我不知道該怎麼稱讚部下。」也有人會提出這樣的疑問。

事實上，我曾經是個非常愛批評的人，也很不擅長讚美他人。就算有人跟我說讚美很重要，但我總覺得「在讚美之前，有些事必須先講清楚」，所以浮現在腦海中的，盡是不能讚美的理由。

然而，有一次我下定決心，要先找到對方的優點，然後依照「讚美、認同，提供建議」這三個步驟來進行指導。結果，對方的行動力大幅提升，業績隨之成長，而我自己也逐漸可以享受溝通的過程。光是改變跟對方說話的內容，就能讓人際關係有這麼大的改善，令我感到非常驚訝。

在溝通的時候，很重要的一點是，設身處地為對方著想，並且發自內心的讚美。我們要傳遞的不是言語，而是心意。

分行經理在連假後遇到的挫敗也一樣，如果可以站在對方的立場，慎選措辭，就會更容易避免。

放完三天假結束後的早晨，正當你調整心情好好上班，踏入公司，準備進入工作模式，卻遭到經理的嚴厲訓斥：「這一季的業績沒有達到目標！」如果是你，會有什麼感受？試著站在行員的立場，應該就能體會他們的感受。那麼，該怎麼說才好呢？怎麼做才能自然的讓部下了解你的想法？

本書希望將你的這些煩惱和疑惑一併解決。在書中，我以簡單易懂的方式，整理了可以立即運用在各種工作情境的溝通方法。若能參照本書，善用能夠打動人心的「讚美方式」，就能完整而順暢的傳達必須告知部下和後輩的訊息，同時打造出更好的職場人際關係。不但職場的氣氛會變得更有朝氣，也能活化組織、提升業績，你一定會對成果感到驚訝。

只要稍微調整自己的心態，部下就會跟著改變，組織也會變得活力滿滿。如果希望部下改變，身為領導者或上司的你就要先改變。讚美、肯定，並提供建議，讓我們和部下一起成長。

此外，本書也會介紹作者所屬的一般社團法人日本讚美達人協會的主張和理念。該協會將「讚美」視為肯定、尊敬對方，進而激發其無限潛能的力量，並以「打造每個人都互相尊敬的世界」為使命，積極展開活動。本書將結合這些理念與實踐方法，傳授能夠在職場發揮作用的「讚美力」。

詳情請參閱協會官方網站。

一般社團法人日本讚美協會。

https://www.hometatsu.jp

CONTENTS

推薦序 **「一句真誠的讚美，可能比一瓶抗憂鬱劑還有效——從腦科學角度重新看待《向下讚美》的職場溝通力** 張家銘——002
推薦序 **說出口的溫暖，就是影響力的起點** 劉光凱——007
推薦序 **讓人發光的話語力量** 周博——010
前言——013

序章

為什麼跟部下總是變成「無效溝通」？

問題不是談話內容，而是「誰說的？」——028
七大原則，提升領導魅力——032
超簡單個人魅力檢視表——042
為什麼部下被自己稱讚也不開心？——044
讚美專欄1 打造親切笑容——046

CHAPTER 1

讚美的基本原則

何謂讚美？——050
不擅長讚美的你，也做得到——058
讚美的基本心態① 不要試圖控制對方——063
讚美的基本心態② 首先，要讚美自己——065
讚美的基本心態③ 兩種提高熱情的心理報酬——070
讚美的基本心態④ 不只讚美，還要加上引導！——076
讚美的基本心態⑤ 讚美式傾聽——078
加速部下成長的讚美方式——083
對於不喜歡受到讚美的人，如何應對？——086
花一分鐘寫出讚美的話——088
用手寫的紙條打動人心——090
讚美方式檢查表——093

CHAPTER 2 讚美的實踐範例

讚美式問候——096

以簡短的問候抓住人心——100

三種基本讚美話語的應用實例——108

不能光是讚美！——116

不同情境的讚美技巧① 讚美首次提案就成功的部下——120

不同情境的讚美技巧② 讚美部下的調查報告——122

不同情境的讚美技巧③ 讚美部下的細微成長——124

不同情境的讚美技巧④ 讚美女性部下平日的貢獻——126

不同情境的讚美技巧⑤ 讚美比自己年長的部下——128

不同情境的讚美技巧⑥ 幫助受挫的部下鼓起勇氣——132

不同情境的讚美技巧⑦ 藉第三者的話來讚美——136

不同情境的讚美技巧⑧ 在第三者面前讚美部下——138

不同情境的讚美技巧⑨ 對跑完外務的部下表達慰勞——140

讚美專欄2 常把「感謝」掛在嘴上——142

CHAPTER 3

不要害怕檢討部下的錯誤

只有讚美，人並不會改變——146
提醒、檢討和發怒的差異——148
為什麼即使檢討了，部下還是當耳邊風？——150
維持部下動力的檢討方式——159
檢討的溝通必勝公式——164
要時時刻刻意識到，溝通是雙向的——169
讚美專欄3　火冒三丈時，平息怒氣的方法——174

CHAPTER 4

打造信賴關係的檢討實踐範例

檢討時要先給予讚美！——178

三秒檢討法——180

讓部下心生感謝的提醒方式——182

這樣檢討，讓部下脫胎換骨——184

不同情境的檢討技巧① 部下交出不切實際的企畫案——186

不同情境的檢討技巧② 不接電話的部下——188

不同情境的檢討技巧③ 動不動就回嘴的部下——190

不同情境的檢討技巧④ 經常遲到的部下——192

不同情境的檢討技巧⑤ 工作進度緩慢的部下——194

讚美專欄4 絕對不能說出口的話——196

CHAPTER 5

讓職場氣氛煥然一新、充滿朝氣的祕訣

舉辦「三明治早會」，愉悅的展開一天的工作！——200
藉由「讚美圈圈」，打造充滿笑容的職場——205
以玩遊戲般的心情，輕鬆改善職場——208
只要領導者有所察覺，職場就會改變——213
讚美專欄5 打造具有魅力的團隊——218

結語——220

序章

為什麼跟部下總是變成「無效溝通」？

問題不是談話內容，而是「誰說的？」

人是一種容易受感情影響的生物。我想大家應該都有過這樣的經驗：即使是同樣一句話，對方的感受會因為「說話者的身份」而截然不同。舉例來說，總是話中帶刺，成天嘮叨個不停的A上司說：「這次的案子你表現得非常好，下一個案子也麻煩你囉，期待你的表現。」

這句話不管怎麼看，每一個字都是在讚美人。但是，如果對A上司毫無信任感，應該無法發自內心的感到開心吧！甚至還會忍不住心想，上司可能是在諷刺自己，或者另有企圖。

另一方面，如果是你尊敬、信賴的B上司說出這些話，你的感覺又會如何？應該會不由自主的在心裡比出勝利的手勢吧！「謝謝！我一定會全力以赴的！」你一定會想這樣回答。

對方是否願意聆聽自己說話，取決於雙方平日的互動。如能打造出信賴關係，即使遭到斥責，部下也會開心的認為，上司是為自己好才會說出那些話。相反的，如果無法信任對方，即使受到讚美，恐怕也只會冷冷的覺得「你說這些話有什麼用呢？」。

總而言之，**比起「說什麼」，更重要的是「誰說的」**。

因此，如果想順利的將對部下的期待傳達給對方知道，自己必須成為一個受人信賴的上司。為此，提升自己的領導魅力是不可或缺的。

在溝通前，請懷抱同理心，養成設身處地為人著想的習慣，然後找出對方的優點，適時的讚美他們。如此一來，你不僅會受到部下愛戴，心胸也會自然而然的變得更加寬廣，個人魅力也會有所提升。看到這樣的你，部下自然會更加信賴你，職場人際關係也會隨之改善，形成良性循環。

有位來參加講座的三十世代上班族，跟我分享了她的經驗。

她在公司有兩位年紀相仿的上司。A上司總是能設身處地的為大家著想，經常給予溫暖的關懷。「從這位上司口中講出來的話，大家都會聽從。因為知道他是發自內心為我們著想所說出來的話，每個人都非常信賴他。」

B上司也很關心大家，聽到同事們要去喝一杯時，總是會說「大家盡情玩」，還說要幫我們負擔一到兩萬日圓的費用。

聽了之後，我忍不住說：「真是位體貼部下的上司呢！」但是，她卻帶著苦笑跟我坦白說：「不，感覺他只是做做樣子，擺出一副好上司的模樣，實在很難叫人喜歡。我覺得，他應該只是想提高自己的評價吧，所以，我總是把這位上司說的話當耳邊風。」

部下可以敏銳感受到，上司說的話究竟是出自真心，抑或是做做樣子。不知不覺中，個人魅力的差異就會顯現出來。首先，請從磨練自己開始，努力成為一位值得信賴的上司。而這個時候所需要的，就是你從言行舉止中傳達出的領導魅力。

POINT

- 最重要的是，成為一個受人信賴的上司。
- 帶著同理心所說出的話，部下一定可以感受得到。

七大原則，提升領導魅力

想提升領導魅力，必須注意儀容、表情，以及講話時的修辭。

如果總是眉頭深鎖、蓬頭垢面，別人跟你打招呼時也不予回應，不管跟誰講話都很粗魯無禮……，這樣的上司值得尊敬嗎？應該沒有人會想聽從這樣的上司吧，就算受到上司讚美，也不會太開心。

特別是女性，總是會直覺判斷出「那個上司有點討厭」，而拒絕作出反應。仔細分析「有點討厭」的原因，多半都是清潔感、態度或說話方式的問題。因此，一旦讓人覺得不舒服，甚至會連那位上司用過的原字筆都不想碰觸，厭惡感就像滾雪球般越來越強烈。相反的，如果印象很好，就算被那位上司責備，下屬也會心甘情願的接受。

一如上述，不管好壞，**下屬對你的第一印象會不斷加深，而且，很難翻轉。**

對於給人留下好印象的上司所說的話，我們會專心傾聽；讓人感覺不太舒服的上司所說的話，則不願聽從。因此，**首先不能給部下留下不好的印象**，這點很重要，也可說是基本禮儀。

一說到禮儀，大家可能會想到「遞名片」或「鞠躬的方式」等既定的「行為規範」，但這是個嚴重的誤解。**為對方著想、盡可能讓對方感到舒適的體貼心意，才是所謂的禮儀**，換言之就是個人魅力。

特別是以下列出的「七大基本原則」，對於提升個人魅力所不可或缺。這是在企業或學校擔任禮儀顧問，還為許多演員進行禮儀指導的西出博子老師所提倡的禮儀原則。

①表情

總是一臉陰沉、皺著眉頭的上司，無法讓部下安心工作。請記得隨時保持樂觀積極的表情，並且面帶笑容。

笑容是最好的溝通工具。光是露出笑容，就能讓對方感到安心，也能改善團隊的氣氛。上司有愉悅的表情，部下的心情也會跟著變好，整個職場的氣氛也會變得更有朝氣。

然而，只要我一說到笑容的功用，很多人都會說：「我對自己的笑容實在很沒自信。」讓我十分驚訝。

「笑容不是自然形成的，而是要有意識的展現。不擅長露出笑容的人，是因為不習慣運用臉部肌肉。」這是越純一郎先生參觀我的講座時，一邊點頭一邊給出的評論。越純先生是《禿鷹》這部經濟小說其中一位人物的參考原型。

一如越純先生所言，如果把笑容當作臉部肌肉訓練，應該會比較輕鬆。我認為，**剛開始的時候，就算是硬擠出來的笑容也沒關係！**在不斷練習的過程中，就會逐漸展現出自然的笑容。

②態度

部下通常都希望自己的上司作風俐落、充滿幹勁。平常雖然會把西裝外套上的扣子全部打開，但如果有客人來訪，便會迅速的把外套扣子全部扣上。起身時，會輕輕的把椅子推進桌子下方。時時刻刻挺直背脊，姿勢端正，鞠躬時也展現出輕快的節奏。就算跟部下借東西，也會面帶笑容的說聲「謝謝」。自己有錯時，則會乾脆的道歉。

像這些細微的言行舉止，都會展現出你的個人魅力。千萬不可以因為自己身為上司，就擺出一副高高在上的模樣。神態懶散的打哈欠、用手托著下巴，或抖腳晃腿，都是大忌。

③打招呼

打招呼這件事，是「先手必笑[1]」！我一向主張，「能幹的上司可以營造好的氣氛，早晨的第一個招呼，應該從上司的微笑問候開始」。

但是，即使部下精神奕奕的跟自己打招呼，有很多主管卻完全不給予回應。這麼一來，部下就會慢慢開始不打招呼，整個職場也會籠罩在一股低迷的氣氛中。

想打造一個有活力的職場，關鍵是上司自己要先變得開朗。**越是能幹的上司，越會主動跟每個人打招呼：「嗨，大家早啊！」**請記得要主動帶著笑容跟部下打招呼。光是這麼做，就能大幅提升部屬對你的好感度。

④儀表

所謂儀表，指的是將自己的服裝和頭髮整

[1] 改編自日文常見用語「先手必勝」（意指先採取行動的人會取得勝利），提倡與他人見面時，要先露出微笑。

理妥當，不要讓對方感到不舒服。換言之，就是**要考慮到對方，這和為了取悅自己而打扮並不相同。**

不用穿什麼特別高級的套裝，只要記得保持整潔的儀容，例如，梳理整齊的頭髮、筆挺且帶有折線的襯衫和長褲，以及晶亮的鞋子。一個隨時保持良好姿勢、穿著俐落整潔的上司，和一個身穿略帶髒污與皺折的套裝、總是彎腰駝背的上司，不用說也知道誰看起來工作能力比較強。

此外，很重要的一點是要注意TPO[2]，不要太休閒，也無需太華麗，務必穿著適合自己職場的服飾。

⑤ 措辭

因為對方是自己的部下，所以總是口不擇言，在必要時連禮貌性的用詞也不會使用的上司，無法讓人尊敬，請學會使用優雅有禮的措辭。

TPO[2]
Time 時間
Place 地點
Occasion 場合

跟部下說話時，需要保持基本禮儀，抑或是像跟朋友一樣輕鬆交談，端視你和對方的關係而定。此外，每個職場的氣氛也不一樣，只要根據不同的狀況靈活運用即可。

⑥回應

我經常看到很多主管，就算部下想跟他說話，例如「OO主任」，也完全不予回應的繼續埋頭工作，這樣的行為會讓部下不想跟你說話。

當有人叫喚自己的名字，請回應一聲「是」，如果是站在上司或前輩的立場，也可以回答「怎麼了？」然後，**放下手邊的事，把身體轉向對方，眼睛看著他。**請不要一邊打電腦，或是一邊讀著書面資料，隨便敷衍回應對方。

能夠得體應對的上司，往往很受歡迎。

⑦稱呼對方的名字

不管是讚美，還是斥責，與對方溝通時，如果可以好好稱呼對方的名字，部下會覺得自己受到肯定，因而感到開心。

比方說，「OO，早啊，最近狀況如何？」，或是「OO，這份資料整理得很清楚，真是幫了我一個大忙。」

這種稱呼名字的行為，以心理學來說，是給予「社會性獎勵」。所謂社會性獎勵，指的是人在受到認同或好評時得到的愉悅感。人類的大腦中有著名為犒賞系統的結構，收到社會性獎勵時，會分泌快樂荷爾蒙多巴胺，因而感到愉悅。

受到部屬信賴、尊敬的上司平常都會毫不猶豫的給予部下這種社會性獎勵。光是薪水，稱不上是報酬。

這七大原則看似理所當然，但很多人都會忽略其重要性。請大家回顧自己過去的言行，**如果沒有做到這些基本原則，不管是讚美，還是斥責，都無法讓部下感受到你的心意。**

首先，讓我們從實踐禮儀的七大基本原則開始著手。

POINT

- 禮儀＝個人魅力。
- 從平常開始，就要注意自己的表情、態度、打招呼的方式、儀表、措辭、回應，並且稱呼對方的姓名，進行有禮貌的溝通。

超簡單

個人魅力檢視表

你具備哪幾項呢？

1. 經常把「謝謝」掛在嘴上。 □
2. 隨時注意自己的儀表和態度，不要讓對方覺得不舒服。 □
3. 說話時，把身體朝向對方，並認真傾聽。 □
4. 能夠想像部下希望聽到什麼樣的讚美。 □
5. 部下會確實的向自己報告進度。 □
6. 謹記在提醒或檢討部下時，不要變成單方面的指責。 □
7. 隨時提醒自己，早會的最後都以笑容收尾。 □
8. 偶爾可以向他人展現自己的弱點，請求協助。 □

改善說明

沒做好的項目，
請從現在開始一一改善！

1. 不要把一切視為理所當然，要經常表達感謝之意。
2. 儀表會表現出一個人的個人魅力。要有身為專業人士的自覺。
3. 眼神接觸，經常點頭，並且適時回應，部下才能安心的和你說話。
4. 以我自己來說，如果聽到「你很有活力呢」、「這次的案子很勇於挑戰喔」之類的話，都會覺得很開心。請試著想像你的部下希望聽到什麼樣的讚美。
5. 如果部下很少跟自己報告，有可能是你讓對方不想跟你說話。請反省自己的言行舉止。
6. 有個人魅力的上司，會先讓部下表達意見。請保持這樣的從容心態。
7. 不要以嚴厲的指責做結，而要以積極、愉快的方式收尾。
8. 人只要對他人有所幫助，就會感到愉悅。如果可以交付對方他擅長的工作，動力也會提升。

為什麼部下被自己稱讚也不開心？

只要是人，都會覺得自己很重要，希望得到別人的好評、受人尊敬。這是出自本能的需求。

但是，如果上司每次都把自己的想法擺在最前面，沒有人會想聽這樣的人說話。即使被讚美，也完全不會感到開心。部下會認為「因為你自己想獲得升遷，所以才這麼說吧！」，因而意興闌珊。

若想跟部下建立良好的人際關係，雖然不太容易，但首先**必須放下以自我為優先的想法**，如果沒有換個思維，打從心底以部下為優先，光是話講得再好聽也沒有用。

請先把自己的需求放在一邊，全心全意的付出，以理解部下的心情為首要之務。對話時，請記得讓部下講的話的時間占七成，你自己占三成，而且要誠懇聆聽部下的價值觀和想法。

此外，也要避免高高在上的說話方式或命令口吻，交付工作時，不要說「把這個做完」，而是要客氣的跟對方說「可以請你處理一下這個工作嗎」，或「這個工作就麻煩你了」。**因為有部下，工作才能順利完成。**請不要忘記要隨時對部下抱持感謝之心。

好的人際關係始於你的付出。這時必須注意的是，**千萬不要試圖去控制對方**，一旦對方察覺你別有意圖，瞬間就會對你關上心房。

POINT

- 首先，把自己的需求放在最後，徹底以部下為優先。
- 將部下說的話好好聽完，把他當作一個獨立個體，以誠懇的態度面對。

讚美專欄

1 打造親切笑容

如果上司老是繃著一張臉，部下也會提心吊膽，害怕上司隨時都會責罵自己，表情也會因此變得僵硬。換言之，上司的表情會影響到部下。

如果你總是面帶笑容，部下就能安心自在的工作。對笑容沒有自信的人，務必好好練習。

最簡單的方法是是按照「跳、跨步、跳躍」的順序，輕快的唸出「Liki、Miki、Wiki」，就能夠讓嘴角上揚，自然的露出微笑。請大家把它當成運動，刷牙之後，站在鏡子前面試著多唸幾次，相信你的笑容應該會變得更有魅力。

此外，當嘴角上揚時，也會開啟前額葉的樂觀迴路，自然湧現出一股自信。這個迴路會增強「我做得到」的自我效能，不僅可以讓職場的氣氛變得更有活力，也可建立自己的自信。

練習笑容的口訣

若是覺得日文的口訣不容易記憶，也可以練習輕快的朗誦出「西瓜、鳳梨、茄子」，嘴角就會自然地上揚了。

CHAPTER 1

讚美的基本原則

何謂讚美？

讚美並不是說些好聽的場面話，或是奉承、巴結。用一句話來說明，**讚美，就是肯定對方。**

人類有被肯定的需求，希望能夠到他人的認同、尊敬。一旦受到讚美，這個需求就會得到滿足，心裡也會變得愉悅。將這種人類的需求分出不同層次的是美國心理學家亞伯拉罕・馬斯洛（Abraham Harold Maslow）。這位學者的「需求層次理論」非常著名，我想應該有許多人聽過。

根據馬斯洛的理論，人類的基本需求由下而上有五個層次，分別是：

①生理需求：飲食、睡眠、排泄等本能需求

②**安全需求**：對安全且安定的生活之需求

③**愛與歸屬需求**：屬於家人或社會等團體的需求

④**尊重需求**：希望被認為是有價值的存在、受到尊重的需求

⑤**自我實現需求**：盡情發揮自己的能力與可能性的需求

低層次的需求得到滿足之後，就會希望下一個層次的需求能夠被滿足。在現今的社會，多數人的「生理需求」、「安全需求」和「愛與歸屬需求」，幾乎都已得到滿足。但

▪ 馬斯洛的需求層次理論

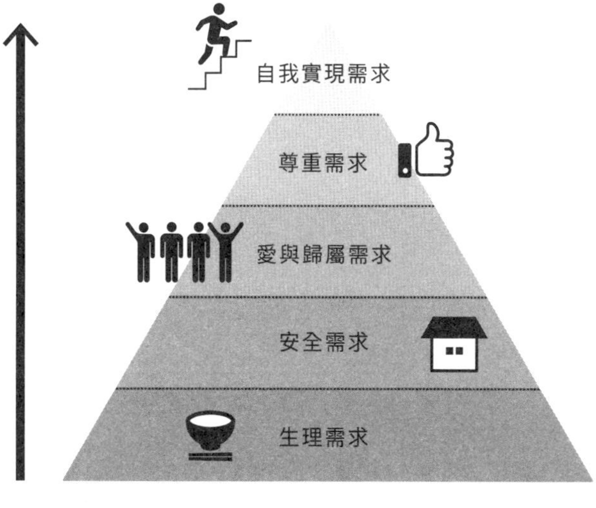

是，更高層次的「尊重需求」狀況如何呢？應該有很多人都沒有得到滿足，並且相當渴望吧！

前幾天，某位公司的社長對我說了這樣的話：「從事單純勞動的員工告訴我：**『自己無法在工作上得到升遷，薪水低這件事也只能認命了，所以，希望至少可以得到讚美』**，讓我深切反省自己。」

對於這段話，我由衷贊同。如果沒有人肯定自己，就完全不知道自己是為何工作。我完全可以理解那些員工的感受。

不久之前，相繼發生了幾樁在餐廳打工的年輕人，用手機拍下工作場所中的惡作劇影片，然後上傳到社群媒體的事件，形成嚴重的社會問題。這些人或許都有著同樣的心情。那些愚蠢的行為，或許可說是「希望得到他人肯定」的內心吶喊。

光是按照標準流程來執行工作，時薪不可能大幅調升，也沒有機會得到他人的讚美。因此，就算只是臉書上的一個「讚」也好，他們渴望得到別人的關注，所以才會忍不住上傳那些容易引人注目的影片或照片。

因為他們這些不當貼文而失去信譽的企業，無一例外的都跟社會大眾道歉，並表示「今後會致力加強員工訓練」。這樣的道歉確實是必須的，但更重要的是，**要肯定、讚美每一個員工。**

如果，店長或資深員工可以對他們說「謝謝你幫忙準備」，或「謝謝你每次都把桌子擦得那麼乾淨」，他們心中對於被尊重的渴望，應該可以稍微得到滿足吧。

讚美能夠產生的巨大力量，比大家想像的要大上許多。

一家位於日本三重縣南部的汽車駕駛訓練班，曾經被媒體介紹為「拚命讚美駕訓班」。自從二〇一三年將「讚美」納入指導守則後，駕訓班的學員人數急速增加，而且，結業後的考試合格率逐年攀升，相對的，畢業生的事故發生率則幾乎減半。

事實上，不只是駕訓班的學員，連教練的動力也一併提升了，整個公司的氣氛變得溫暖而柔和。這家汽車駕訓班的「拚命讚美訓練法」獲得極高的評價，並且擴展到全國。

▪ 日本三重縣南部汽車駕駛訓練班實施「讚美教學法」後的變化

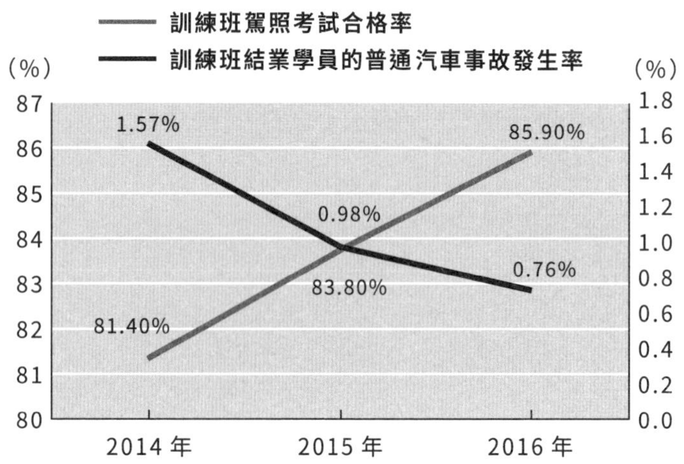

資料提供：日本三重縣南部汽車駕駛訓練班

我自己也曾親眼目睹讚美的效果，並且深受感動。

過去，我有長達數十年的時間都在進行「神秘顧客調查」（mystery shopper），以客人的身份前往各個企業與餐飲店，檢視其對應方式，並提出報告。報告中，「沒有做到的項目」填寫欄位很大，「有做到的項目」填寫欄位很小。

做不好的地方，即使不想看到也會映入眼簾。因為我希望他們至少要做一些改善，所以很努力的把還沒做好的地方都列了出來，例如入口很髒亂、忘記客人點的餐點、桌上有垃圾等等。我相信這樣可以幫助那家企業，所以觀察得非常仔細，指出了大約一百個需要改善的地方。

沒想到，大量的指責讓對方失去自信，並開始採取自我防衛的態度，我的建議始終沒有獲得採用，以致最後幾乎沒有任何改變。有的時候，甚至像在找戰犯一樣，找到應該負責的人之後，事情就結束了。

沒有什麼事比無法提升成果，更讓人感到空虛。因此我們大家坐在一起，思考哪邊沒做好、該怎麼做才好。我們覺得過去的作法完全不管用，於是決定大膽的將思維做一百八十度的轉變，也就是說，不再挑剔缺點，而是找出優點，並把它紀錄下來。

因為必須徹底改變過去的想法，大家花了不少時間，好不容易才逐漸習慣。如果仔細觀察，就會發現各種優點。負責櫃檯的員工笑容很迷人、觀葉植物照顧得很好、手冊資料整理得非常清楚等等，就算是理所當然的小事也都一併列舉報告，然後，再補充一些可以立即改善，而且效果顯著的事。

原先挑出毛病的報告方式，沒有帶來任何變化，然而，一旦轉變報告的重點，列出更多優點後，接收報告的單位便開始活躍起來。首先，員工的笑容增加了，職場的氛圍也變得很有活力。在某家銀行，行員之間都帶著笑容傳遞資料，並且到處都可以聽到大家向彼此道謝。這種溫暖的氣氛甚至彌漫到大廳，進而創造出一個讓客人心情愉悅的空間。我確信，**如果想要帶動人或組織的運作，首要之務應該讚美，而不是挑出缺點。**

此外，我自己也有了改變。以找出優點的角度來觀察，我發現許多過去沒看到的地方，不但視野變得更加寬廣，想法也更有彈性，而且變得正面積極。

或許有些讀者會擔心，收到讚美之後，部下會不會得意忘形，或者變得自以為是。但那完全是杞人憂天，**受到讚美的部下，因為尊重需求已經得到滿足，也有了自信，對任何事都積極參與。**而且，也會對讚美自己的上司敞開心房，變得更加信賴上司。最終，不僅可以打造良好的人際關係，讚美他人的你也會變得很快樂。

POINT

- 讚美＝認可。
- 給予讚美後，人際關係會逐漸改善，職場也會充滿活力，大家都會變得很快樂。

不擅長讚美的你，也做得到

雖然知道讚美很重要，但許多人都認為自己不擅長稱讚別人。因為個性害羞，所以無法出言讚美、不知道該說些什麼才好、因為沒什麼優點，所以講不出讚美的話，大家紛紛訴說自己的難處。

要挑毛病很容易，卻怎麼都無法開口讚美他人，這是為什麼呢？請大家看看下面這張圖。我們總是會不由自主的注意到那個缺口。

事實上，**像這樣總會把注意力放在有所欠缺的部分是人的本能。**因為我們身上還殘留著「如果不能迅速擊中對方要害，自己就會被殺害」這種遠古時代的防衛本能。

因此，對日常中發生的事或周遭的人，我們往往會下意識的想要找出負面因素或缺點。挑毛病，可說是一種慣性，**因為讚美與這樣的本能相違背，所以我們會感到抗拒，且難以執行。**

首先，請大家下定決心「一定要讚美」，並拿出最大的勇氣。現在，請大家重新看一次這張圖。實際上，線條相連的部分遠比缺口來得長多了吧？只要換個心態，就可以看到不同的景色。

如果一開始就著眼於有所欠缺的部分，只會看到部下的缺點，無法發掘他們的長處。能幹的上司通常會**把焦點放在線條相連的部分，並且讚美部下。**

會說出「因為沒有優點，所以無法讚美」的人，我會建議不妨換個心態。也就是說，要抱著「找出優點」這樣的想法，並將注意力集中在那裡。

人類只會看到自己關注的事物。不知大家是否有過這樣的經驗：一旦決定要買某款新車之後，在街上就會常常看到那款車？其實那些車早就存在了，只是你以前沒有注意到。當你關注的目標改變後，看到的東西也就跟著改變了。

如果沒有意識到這一點，我們很容易就會把注意力都放在那些讓人在意的缺點上。結果，即使身邊有支持自己的朋友或家人，我們也可能把注意力放在自己做不到的事情上，反而忽略了這些重要的存在。

當人們把注意力放在某件特定的事情上，就會看不見其他東西。換句話說，「人們只看自己想看的東西」。因此，把意識放在哪裡才是關鍵所在。在一口咬定「沒有優點」的那段期間，就看不到部下的長處，因為你根本不打算去看。

但是，如果可以把意識轉變成「一定有優點，我來找找看」，心的視野就會變得更加寬廣，而且，很不可思議的，之前沒有發現的優點也會一一浮現。結果，不僅你自己的心情會變得平靜，表情也會更加柔和，就連對部下說的話也會有所改變，這可以幫助你建立和部下之間的信賴關係。

此外，覺得很害羞，不好意思開口讚美的人，與其硬逼著自己去讚美，**不如把重心放在「肯定對方」，以及「傳達事實」**。

首先，可以從帶著笑容，開朗的跟對方打招呼，以及說聲「謝謝」來表達感謝之情開始。因為這些行為代表著你積極肯定對方，可以帶來和讚美同樣的效果。當部下為自己做了某些事，請記得說聲「謝謝你幫我的忙」。如果能做到這些，不管你是不善言詞，還是個性害羞，應該都能夠表達讚美之意。

除了話語，也可以透過態度來讚美。看著對方的眼睛說話，認真回答部下的提問，或是一邊點頭，一邊專心聆聽部下說話，都是肯定對方的一種表現。如果能夠心懷敬意與感謝，一定可以將你的心意傳達給部下。

請從自己做得到的事開始著手練習，習慣之後，你會發現讚美這件事變得很有趣，不知不覺間，就會變得非常善於讚美。

POINT

- 拿出勇氣，下定決心「一定要讚美」。
- 自己過去看到的只是一小部分，並非全部。

讚美的基本心態①

不要試圖控制對方

讚美時最重要的一點是，真心真意的讚美。**千要不要試圖透過讚美來控制對方**，因為那是奉承，而非讚美。有些人會把「讚美」和「奉承」混為一談，但兩者截然不同，內心的動機是完全相反的。

讚美就是肯定對方，其根本是對他人的尊重和感謝，以及想要支持他人的心意。讚美時要根據事實，傳達自己內心的真實想法。

「你總是默默的進行事前調查，這可不是人人都能做得到的啊！」

「這點子真不錯，OO總是對工作充滿熱忱，客戶一定會很高興。」

就像這樣，將重點放在對方的行動、成果和過程上，具體告訴對方，有哪些地方做得不錯、自己的感覺如何，便能夠觸動對方的心。

另一方面，如果是「奉承」的話，是不是事實都無所謂，唯一目的就是希望對方能夠按照自己的想法來行動，所以，聽到這些話的人不僅感受不到話中的意思，反而會覺得很不自在。

讚美是送給對方的一份心意之禮，千萬不能有從中獲益的念頭。

POINT

● 要帶著發自內心的敬意和謝意來讚美對方。
● 「讚美」包含事實和誠意，和「奉承」不同。

讚美的基本心態②

首先，要讚美自己

人類的尊重需求有兩種。

一種是希望受到他人的尊重、肯定的需求，另一種是希望得到自己評價的需求。後者就是所謂的自我肯定感，認為自己的存在是有價值的，並且非常珍惜自己。如果要說哪一種比較重要，應該是後者的自我評價。

擁有強烈自我肯定感的人，基本上都很相信自己，不管是優點還是缺點，認為自己原本的樣子就很好了。因此，這樣的人心理狀態非常穩定，無論發生什麼事，都不會有任何波動。即使陷入危機，也可以冷靜判斷當下狀況，以積極的心態克服難關。此外，對他人也非常寬容，他們會相信對方的可能性，並加以鼓勵。

我們可以說，自我肯定感是領導者不可或缺的特質。

但是，相較於其他國家的年輕人，日本的年輕人被認為自我肯定感極為低落。當他們成為領導者時，**連自己都無法接納了，**

■「對自己感到滿意」的年輕人比例

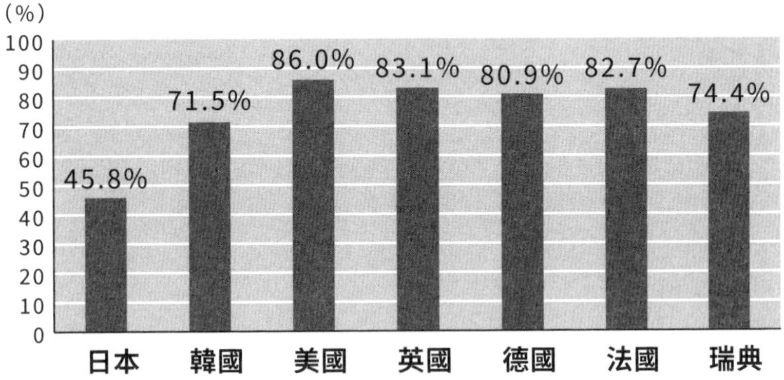

※以日本、韓國、美國、英國、德國、法國、瑞典13～29歲的年輕人為對象，所進行的意識調查。在「我對自己感到滿意」這個項目中，回答「同意」和「有點同意」的人比例合計。

資料來源：「2014 年 兒童．年輕人白皮書」日本內閣府

又怎麼可能去認同他人。

自我肯定感很低的領導者，缺乏心態上的餘裕，所以會受到負面思考的影響，一味挑剔別人的毛病。只為了一點雞毛蒜皮的小事就怒斥部下，因為害怕失敗而不敢挑戰。所以，部下士氣低迷，整個職場的氣氛越來越差。

請大家試著想像一座香檳塔。你是放在最上面的那只玻璃杯，下面是代表你的部下、朋友、家人等身邊的人的玻璃杯，所有的玻璃杯被堆疊成金字塔狀。玻璃杯是一個人的內心，香檳是自信、欲望和期待等積極心態，以及自我肯定感。

如果你的玻璃杯空了，或者只裝了一點點香檳，就無法填滿下方的玻璃杯了。因此，認為自己缺乏自我肯定感的人，首先要從填滿自己這只杯子開始，也因此，我們**要讚美自己，持續不斷的讚美自己，永無止**

盡的讚美自己。

不，我並不是那麼了不起的人，沒有什麼地方值得讚美……，或許有人會這麼想，真的是如此嗎？請大家試著在睡覺前想一想，今天發生了什麼事，自己做了什麼事，就算是很細微的事也可以。

比方說，幫別人按電梯按鈕，幫別人撿起掉落的物品，因為讓路給對方，所以對方面帶笑容跟自己道謝，今天一整天都很努力的工作，就算是你覺得理所當然的事也沒問題。即使你只是對別人表現出一點善意，跟他人說聲「謝謝」，或是為了某件事而努力，**都請立刻好好的讚美自己。**

前幾天，因為我快趕不上赴約，很焦急的搭上計程車趕往相約之地。一開始，司機先生的態度有點冷淡，確定趕上時間後，下車時，我鼓起勇氣，面帶笑容的對他說：「終於趕上了！真的很謝謝你。」結果，司機先生也回我一個微笑，當時我真想好好讚美一下跟對方道謝的自己。

只要把讚美自己的門檻大大降低，再稍微環顧一下四周，就一定能找到許多可以讚美自己的理由。從今天起，就展開「自我讚美大作戰」吧！首先，最重要的是對自己有信心。

POINT

- 比起得到他人的認同，更重要的是「肯定自己」。
- 請降低讚美自己的門檻，練習不斷讚美自己，提高自我肯定感。

讚美的基本心態③

兩種提高熱情的心理報酬

當自己這只杯子被倒滿之後，接下來，讓我們把自信和熱情填入部下的杯子裡。為了達到這個目的，我們要確實提供「心理報酬」。所謂「心理報酬」，指的是工作的喜悅。主要有以下兩種：

- **成長的實際感受**
- **貢獻的實際感受**

如果可以得到這兩種報酬，部下就能感受到工作的意義，進而提高工作表現。想要提高對工作的熱情，不能光靠薪水和福利。

最近，很多年輕人對升遷的欲望不是那麼強烈，比起金錢和頭銜，工作的樂趣、和工作夥伴之間的良好人際關係、歸屬感、成就感、肯定、鼓勵，可以為他們帶來更大的動力。

啟動部下的動力開關，是領導者的任務。所以，從平常開始就要讓部下累積小小的成就感和成功經驗，盡可能提供大量的「心理報酬」。

給予「成長的實際感受」

根據日本最大的求職網站「en轉職」於二〇一七年八月所進行的問卷調查，針對「對工作的期待」這個問題，「透過工作可以感受到自己的成長」排在第四名。光看這一點，就可以知道年輕人非常重視成長的實際感受。

但是，部屬本人很難從日常工作中清楚感受到自己的成長。因此，身為上司的你必須細心留意、關懷部下，**一旦發現部下稍微有所成長，**

就要加以讚美。

不用等到成績提升，**只要比過去進步，就立刻給予讚美。**這個時候，要盡量具體指出是哪個地方進步了，並加以稱讚。

「你整理資料的速度變快很多呢！」

「你已經可以把事情的邏輯整理得很清楚，並簡潔的寫出來了。」

很重要的一點是，要根據客觀的事實真心讚美。事實越是微小，部下越是會因為你能夠看到那麼細微的地方，而覺得感動。

▪ 20 世代對工作的期待

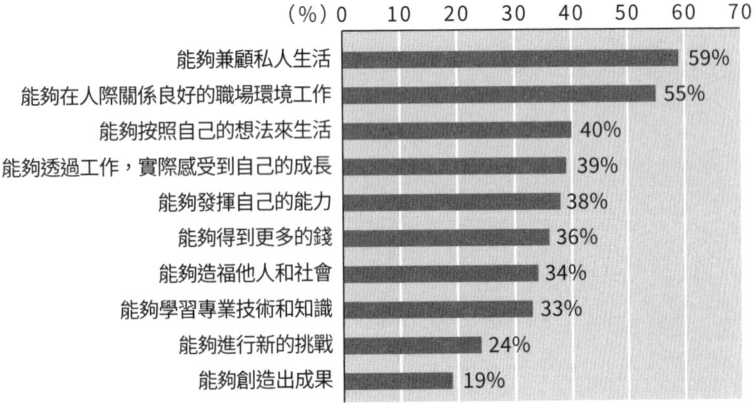

資料來源：「en 轉職」針對「工作的價值觀」所進行的問卷調查（2017 年 8 月 1 ～ 31 日）

此外，請針對每週、每月、每半年設定目標，能夠達標就加以讚美。就算遇到挫折，透過說出「你都已經能夠做到這裡了」這樣的讚美，也可以讓部下實際感受到成就感和自己的成長。

給予「貢獻的實際感受」

人類不僅希望獲得讚美，**也非常希望能夠幫助他人**，這就是「貢獻的實際感受」。請記得經常對部下說「你對公司和身邊的人很有貢獻」。這個時候的關鍵字是「謝謝」和「你幫了很大的忙」。

「謝謝你幫我整理資料。」

「資料都很清楚，你幫了很大的忙！」

在我的講座中，學員曾經提出這樣的問題：「您認為『謝謝』的相反詞是什麼？」大家會怎麼回答呢？

謝謝的相反是「理所當然」。大家是否認為資料整理得很清楚是理所當然的，客人來訪時，有人適時端出茶水也是理所當然的？空調提前開好、每天的報紙已經擺好、郵件被整理過、垃圾桶清空了、影印紙也充分補足……。

平常我們不經意可以看到的現象，都是因為背後有人協助。請不要認為這是理所當然的，而是要跟對方說「我一直都很感謝你」、「謝謝你總是幫了很大的忙」，藉以表達感謝之意。如果能夠有意識的加入「一直、總是」，部下會更加高興。

此外，讓部下看到自己的弱點，向他們尋求協助，也是一個好方法。可以試著這樣拜託部下：「我思考了很久，實在想不到什麼好辦法。OO，你總是有很多好點子，可以跟我一起想想看嗎？」

部下為了回應上司的請託，一定會竭盡全力的思考。不必因為身為上司，就勉強硬撐，隱藏弱點。每個人都有優點和缺點，以及擅長和不擅長的事。

請試著想像一下拼圖，把每個人都當作是拼圖中的一小片。優點和擅長的事就像是拼圖中突出的部分，缺點和不擅長的事就像是拼圖中內凹的部分。將每一片拼圖的凹凸部分緊密銜接，才能完成拼圖。也正是因為有內凹的部分，才能和眾多拼圖緊密銜接，完成一幅巨大的畫作。

請盡量借助部下的力量，他們會因為能夠有所貢獻而感到欣喜，卯足全力的幫忙。**一旦能夠成為他人的助力、有所貢獻時，那個人的表現就會大幅提升。自己的缺點是為了讓其他人的長處得到更好的發揮。**

POINT

- 不管是很細微的事，還是理所當然的事，都要仔細觀察，並給予適當讚美。
- 每個人都是拼圖的一小片，正因為有凹有凸才顯得美好！

讚美的基本心態④

不只讚美，還要加上引導！

透過讚美，可以大幅提高部下的士氣，讓他們有所成長。但是，如果要讓這樣的成長更加確實、穩固，就**不能只是一味的讚美。**因為這樣可能會讓部下安於現狀，變得驕傲自滿。受到讚美後，動力會提升，看到的世界也會稍有不同。這個時候，如果可以確切引導他們到下一個步驟，就可以讓部下邁向下一個階段。

首先，要肯定並讚美部下的成長。

「OO，你真的很努力，現在已經可以做出很好的提案了。」

接下來，可以引導他們到下一個小步驟。

「我認為，接下來你可以進一步解釋資料，讓它變得更易懂。」

「下次，要不要試著挑戰OO。」

就像這樣，時時抱著正向循環的意識，讚美後引導部下到下一個小步驟，讚美後再引導到下一個小步驟，一步步推動部下前進。**不斷累積小小的成功經驗後，不僅可以建立自信，自我肯定感也會提高**，而這將成為部下繼續成長的動力。

即使挑戰失敗，也要針對挑戰一事給予讚美。

「雖然沒有達到目標，但這是一個很好的嘗試，我們要透過這次的失敗好好學習，下次繼續加油。」

不管結果好壞，都要帶著部下進入正向循環，是上司的責任。

POINT

- 要不斷思考下一個步驟，讓部下可以一步步穩定的往上提升。
- 讓對方累積一些小小的成功經驗和成就感，是促進成長的原動力。

讚美式傾聽

即使不透過讚美的話語，也可以稱讚部下。當你用心傾聽對方說話，並且試著站在他們的角度，對方會覺得自己受到肯定，因而感到非常開心。

我曾經請來聆聽我講座的學員，進行以下的配對學習。

A花一分鐘時間，對B講述最近自己熱衷或覺得有趣的事。最初三十秒，B會以溫柔的表情看著A，並且用力點頭，適時給予回應。三十秒之後，B開始忽略A，顯現出一副心不在焉的模樣，不是拿起手

機來看，就是隨手翻著教科書。大家實際試一次就知道了，在這種狀況下說話是非常痛苦的，那三十秒感覺非常漫長。

就像這樣，**說話者的心情會隨著聆聽者的態度，而有截然不同的感受。**如果對方專注傾聽，說話者會很開心，就像受到讚美一樣；如果對方心不在焉，感覺會很不舒服。

「讚美式傾聽」這種非語言的讚美，有以下八個訣竅：

①眼神接觸
②點頭
③附和、回應
④複誦
⑤做筆記
⑥整理摘要

⑦提出問題

⑧投入情感

和部下說話時，**不光是臉，身體也要面向部下，看著對方的眼睛，並且確實的點頭回應。**這是「我正在專心聆聽」的訊號，如果能適度附和對方，部下就能帶著愉悅的心情持續說話。

不過，如果只是不斷說著「對、對、對」，那就太誇張了，反而會讓場面變得尷尬。

回應時，可以有各種不同的變化，建議針對不同的說話內容來使用，例如「哇——」、「喔∼∼」、「的確」、「這樣啊」、「好厲害」、「我了解你的感受」、「我也這麼覺得」等等，有的時候，也可以重複部下說的話。

部下：「這份企畫書是我昨天努力加班完成的。」
上司：「這樣啊，你還特地加班，辛苦你了！」
部下：「如果不擴大銷售通路，可能會碰到銷售瓶頸。」
上司：「的確，銷售通路的擴大是當務之急。」

此外，聽取部下的企畫或意見時，最好能做筆記。

「等一下，我可以把它寫下來嗎？」

聽你這麼說，部下的表情應該會瞬間流露出一絲光彩。因為他們會覺得「上司還做了筆記，是真的有在認真聽我說話」，因此心存感激。

整理摘要、提出問題也代表你正興味盎然的聆聽。

此外，投入情感的聆聽也非常重要。可以一邊說著「哇，原來是這樣啊！」，同時睜大眼睛表示驚訝，或者放聲大笑，帶著豐富的表情來回應。這麼一來，就可以讓部下知道你是真的對他說的話很感興趣。

部下會因此感到開心，也會對熱衷聽自己說話的上司產生好感。

POINT

- 即使沒有出言讚美，也可透過態度或姿勢來表達你對部下的肯定。
- 不要一邊做別的事，一邊聽部下說話，而是每一次都要全心全意的傾聽。

加速部下成長的讚美方式

隨著讚美時機的不同，部下的成長也會有加速或停滯的現象。

比方說，工作能力在平均以下的部下，應該在什麼時機讚美呢？

在某家保險公司，工作速度的標準是八十分。但有的員工只能做到六十分。後來，那些人再稍微努力了一下，拿到了六十三分，但距離標準八十分還有一段很大的距離。

這個時候，如果是你，會對部下說什麼話呢？

因為只增加了三分，很多人都會選擇再觀察一下，但能幹的上司可

不會錯過這個時機。「哇，你速度變快了喔！」

不是指責他還少了十七分，**而是在他有了一點進步之後，馬上加以稱讚。**如此一來，他的速度就會越來越快，表現也會大幅提升。

就像上述的例子，鼓勵部下成長的訣竅是不要跟他人比較，**而是聚焦於那個人的微小變化，然後馬上給予讚美。**讚美的次數越多，部下就越能感受到成就感與自己的成長，從而迅速進步。

▪ 聚焦在那個人的微小變化

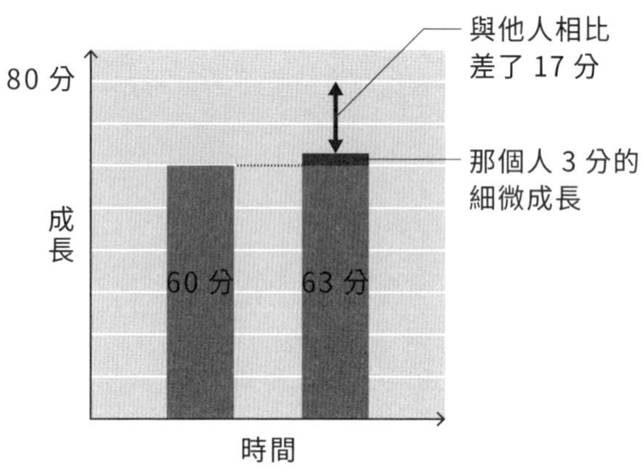

不要跟他人比較，而是要聚焦於那個人的微小變化，並給予讚美。

POINT

- 一旦看到部下成長，就算相當細微，也要馬上讚美。
- 不要與別人比較後再給予讚美，而是要與當事人的過去比較，並給予稱讚。

對於不喜歡受到讚美的人，如何應對？

幾乎所有人在受到讚美後，都會非常高興。但是也有人會因為害羞、不知該如何反應，或者感覺像是受到奉承，對受到讚美這件事，感到很不自在。

有一次，我跟一位初次見面的男性一起工作後，稱讚了他，結果他帶著不知所措的表情跟我說：「我不太習慣被這樣稱讚。」這時可能會讓人感覺有點尷尬，不過，因為你是在陳述一個事實，所以還是可以開朗的跟對方說：「我是真心這麼覺得，如果讓你覺得不舒服，我很抱歉。」

如果可以帶著笑容說「我是真心這麼覺得」，對方應該可以理解你的心意，而不會懷疑你是在奉承，或者覺得你另有意圖。

部下之中或許也有不善於接受讚美的人。不習慣接受讚美的人或極端內向的人在受到讚美時，有可能會覺得很困擾，因而露出嫌惡的表情。這種時候，不要因為部下不喜歡而放棄讚美。就算一開始無法接受，如果你能帶著誠意繼續讚美，總有一天他們會真心感到高興。

請相信部下的心會慢慢被感染，然後告訴他們「你有這麼多優點喔」。

POINT

- 就算對方覺得不自在，還是可以開朗的告訴對方「我是真心這麼覺得」。
- 人不會突然改變。請相信你的心意總有一天一定會被理解，持續給予對方讚美。

花一分鐘寫出讚美的話

就算口才不好，無法好好的讚美別人，也不要立刻放棄，請練習試著說出讚美、問候與感謝。鼓起勇氣嘗試之後，你會發現自己的心情也變得很輕鬆愉悅。

其次，表達能力不佳的人，我建議可以**寫下你的讚美。**把讚美寫成文字交給對方，更容易傳達你的心意。可以透過紙條、便利貼，或電子郵件，把讚美的話語送給對方。

困難或痛苦的時候，有些人會重複閱讀來自上司的紙條，並因此受到鼓舞，這些話語也可能成為部下的心靈支柱。

不用寫得太長。如果是電子郵件，光是在信件最後以附註（P.S.）的方式加上一行讚美的話語，就可讓部下留下印象。

P.S. 今天的簡報非常精彩，你彙整得非常好。
P.S. 你總是很快就把報告交上來，真是幫了大忙，謝謝你。
P.S. 你的能力有明顯進步，非常值得信賴。
P.S. 你最近真的很努力，非常值得肯定，期待你的表現。

就像這樣，察覺部下的成果、努力和成長，並馬上給予讚美。即使是事務性的電子郵件，對部下來說也能變成鼓勵的訊息。

POINT

● 如果無法口頭讚美，可以試著用寫的。
● 電子郵件的附註會讓人留下印象，加強與部下的信賴關係。

用手寫的紙條打動人心

現在，我們大多數時間都用電腦來撰寫文章，然而，就因為是在凡事講求數位化的時代，如果可以把手寫的紙條或便利貼貼在桌上，或是夾在文件資料中交給部下，他們會非常感動。

對於幫忙製作資料文件的部下，可以寫下「OO，資料已經確認過了，謝謝你馬上幫我整理，真是幫了大忙！」

要將文件交還給部下時，可以寫下「OO，你做得很棒，下次也請繼續加油！」

雖然只有短短兩句話，卻是上司特地寫給他的，這份心意會讓人非常開心。

一位任職於食品公司總部的朋友和我分享了她的經驗。她剛進公司時參加了門市研習，一開始，因為無法妥善應對客人的需求，總是覺得精疲力竭。慢慢習慣之後，在研習結束的前一天，她的桌上貼了一張便利貼，那是其他部門的部長留下的。

「還有一天就結束了。雖然很辛苦，但妳真的很努力。」她看了非常感動。她說，即使已經過了四年，她現在依然珍藏著那張便利貼。

此外，她的前輩出差時，因為出發前雙方碰不到面，所以，她貼了一張紙條在前輩桌上，上面寫了「一路順風」。結果，前輩也留了一個訊息給她，上面寫著「謝謝妳的紙條，如果有不清楚的事，可以問OO。」她說，那張紙條她一直保存到現在。

手寫的紙條或便利貼，就是這麼激勵人心。只要一句話，就可以讓部下發奮努力，請大家一定要嘗試看看。

POINT

- 手寫的便條紙或便利貼，就像部下的寶貝一樣，能夠打動人心。
- 準備好讚美用的紙條或便利貼，訂下「一天用X張」的目標，也是個不錯的方法。

讚美方式檢查表

以下列出的問題，你都有做到嗎？

❶ 有試著去發現部下的優點嗎？ □

❷ 發現部下的優點時，有馬上以「事實」＋「讚美的話」這個模式來傳達你的讚賞嗎？ □

❸ 對於那些已經變得理所當然的景象，你是否會說「我一直以來都很感謝你」、「你總是幫我很多忙」？ □

❹ 稱讚過部下之後，有告知對方可以作為下一個目標的小步驟嗎？ □

❺ 你是否會仔細聽部下說話，並且點頭回應？ □

CHAPTER 2

讚美的實踐範例

讚美式問候

所謂「讚美式問候」，指的是讓對方擁有好心情，甚至自己也感到快樂的問候方式。例如，面帶笑容看著對方的眼睛，精神奕奕的說聲「早安」。

養成習慣之後，職場的氣氛會變得輕鬆愉快，部下的歸屬感和幹勁也會有所提升。

「……早啊」

自己沒有主動打招呼，即使對方跟自己打招呼也不回應，只是點點頭，隨意敷衍，也沒有眼神接觸。如此一來，不僅部下會覺得沮喪，職場的氣氛也會變差。

面帶笑容，看著對方的眼睛，開朗的說

「早安！」

「辛苦了！」

POINT

- 問候絕對是「先手必笑」！不要等待部下跟自己打招呼，應該要自己主動積極的跟對方問好。
- 開朗的聲音、眼神接觸、笑容，別忘了這三件事都要做到！

根據部下的年齡、性別，以及與自己的親密度，說話方式多少會有些許差異，但是，最重要的是，要帶著身為一個社會人士的自覺來面對他人。

在公司內擦身而過時，請點個頭，說聲「辛苦了」，部下外出回來後，不妨也問候一聲。

面對年輕部下

就算自己和部下都很年輕，出了社會之後，最好可以避免運動社團風格的熱血招呼方式。

部下外出時，請帶著笑容，看著對方的眼睛，開朗的對他說聲

○

「路上小心。」

部下回來的時候，請帶著笑容，看著對方的眼睛，開朗的對他說聲

「辛苦了。」

「你回來啦！」

像這樣不經意的一句話，就可以讓職場變得充滿朝氣。

POINT

- 精神奕奕的問候，是打造良好人際關係的第一步。
- 始終不忘尊重對方，並且有禮貌的跟對方互動。

以簡短的問候抓住人心

學會讚美問候之後，讓我們再往上一個層級，挑戰簡短問候。所謂簡短問候，指的是在讚美問候之外，再多加一句話，或是一個小動作。這雖然只是一個細節，卻可以和部下產生共鳴，進而拓展彼此的溝通。

「早安！今天天氣真好啊！」

「早安！櫻花盛開了耶！」

天氣和季節的話題，容易和所有人產生共鳴。

「早安！昨天的日本武士隊真的好可惜啊！」

「早安！昨天加班到很晚吧，辛苦了！」

談論運動相關話題時，要選擇大家可以一起加油的內容。如果支持的隊伍不一樣，就要盡量避免。

POINT

- 可以在心中突然浮現某個想法，或與對方眼神交會的瞬間，說出自己的感受。當然，要避免使用負面的詞彙。
- 只要簡單加上一句話，「問候」就能變成「對話」。

說話時加上對方的名字，也是一個不錯的選擇。**稱呼對方的名字，等於傳遞出「我肯定你的存在」這個訊息。**如此一來，問候就會變成是特別針對那個人，對方聽了會非常高興。

「○○，早安！」

「○○，辛苦了」

稱呼對方的姓名是最佳的認同方式。

男性上司面對女性部下

「小穗穗，早啊！」

過於親暱的語氣是不恰當的！尤其當部下是異性時，有可能會被視為性騷擾。即使對方以笑容回應，內心可能還是會覺得不舒服，需要特別注意。

POINT

- 以姓名稱呼對方，會讓訊息更容易傳遞給對方，加倍提升讚美問候的威力。
- 即使與部下的關係很好，稱呼也不要過於親暱，尤其是異性間的稱呼更要拿捏好分寸。

如果選錯詞彙，即使本意是讚美，也有可能讓對方感到不愉快，需要特別注意。

此外，要避免跟容貌有關的發言。特別是「男性上司和女性部下」這樣的組合，因為身份的關係，即使是讚美的話語，也可能讓對方感到不舒服。

「早安！今天精神不錯喔！」

對方可能會想「你的意思是說我平常都沒有精神嗎？」，因而感到受傷。所以，不要說「今天」，而是要說「今天也」。

O

女性上司面對女性部下

「早安！妳這件襯衫充滿春天的氣息，真好看！」

如果是男性上司，最好不要提到女性部下的服裝或髮型等容貌相關話題。

POINT

● 如果稱讚對方「你的領帶真好看」，容易讓人以為「只有領帶好看」，說話的時候要選擇適合的措辭。

● 如果實在想不出要說什麼，不用勉強，只有問候也OK。

打招呼時，不妨多加一個小動作。請善用表情、動作或手勢等肢體語言，但太過誇張的動作要盡量避免。只要透過一個小動作，就能傳達你的心情。

如果覺得打招呼時加上一句談話很困難，可以從加上一個動作開始。

稍微張大眼睛

「嗨！早安！」

「哇！辛苦了！」

光是加上「嗨！」、「哇！」等感嘆詞，就能傳遞出「我尊重你」的訊號。

把一隻手輕輕舉起來

「早安！」

如此就能給對方帶來親近感，也能傳遞出「我尊重你」、「很高興見到你」的心情。

POINT

- 只要加上一個小動作，就能讓讚美問候更深刻的傳遞到部下心裡。
- 在走廊上擦身而過時，光是把手輕輕舉起，說聲「嗨！」，同時「微微一笑」，就能將你的心意傳達給對方。

三種基本讚美話語的應用實例

如果能夠靈活運用以下三種讚美語，就可以成為讓部下景仰的上司。

- **謝謝**：傳達感謝之情的「謝謝」，是無論何時何地都可以使用的詞彙。建議大家可以盡量增加使用的次數。
- **不錯喔**：如果部下的表現大概是平均水準，或者比平均稍微好一點，可以用「不錯喔」來回應，讓部下安心。
- **好厲害**：當部下拿出超乎預期的成績，或是有顯著成長時，可以用「好厲害！」來讚美。

如果是一些日常小事，可以只針對事實本身來讚美，例如「裝訂得很整齊，謝謝你」；如果是平均水準的成果或成長，就給予中等程度的讚美；如果是很好的成績或顯著的成長，就可以給予最熱烈的讚美。請根據成果、努力，以及成長三者的綜合表現，分別給予不同的讚美。

謝謝

在工作氣氛很好的公司，到處都可聽到「謝謝」。雖然只有兩個字，但效果非凡。不管是說者，還是聽者，都會綻放笑顏，塑造出一股幸福的氣氛。**「謝謝」是一個終極的讚美之詞。**我們可以說，說「謝謝」的次數，對一個人的魅力有關鍵性的影響，讓「謝謝」成為你的口頭禪吧！

「謝謝你幫忙影印。」

「謝謝你幫忙整理資料，真的幫了大忙。」

如果能夠具體傳達你為了什麼事而感謝，或是哪個部分做得很好，部下會更開心。

如果可以加上「幫了大忙」、「把事情交給你真是太好了」，來表達自己的感受，會讓部下產生「如果可以受到這樣的好評，那我可以更加努力」的想法，對方的行動力會更上一層樓。

○

「這次的專案，你真的很努力。如果沒有○○的行動力，說不定無法突破困境，太感謝你了。」

「謝謝你鍥而不捨的進行交涉。」

比起光說「你真的很努力」，更能完整傳達自己的感謝之情。

「把這份工作交給○○真是太好了！」

有所貢獻的喜悅和受到上司認可的開心，會讓部下變得更有幹勁。

POINT

● 如果可以在「謝謝」之外，再加上「感謝的理由」，可以更明確的傳達自己的感謝之情。

● 如果可以在「謝謝」之外，再加上「自己的心情」，可以讓部下更加欣喜。

不錯喔

不管是交報告、交企畫書，或者是進行提案的時候，部下的內心總是會忐忑不安。因此，首先要說一聲「不錯喔」給予認同，讓他感到安心。

「不錯喔」帶有「沒問題，你可以的」、「繼續保持這個步調」等認同意味，可以消除部下心中的不安。

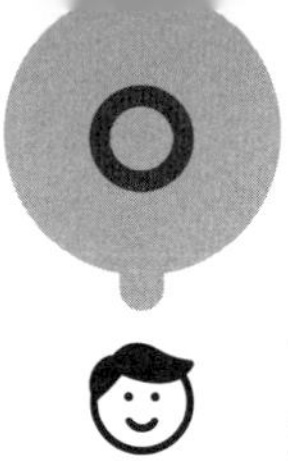

面對戰戰兢兢提出資料的部下

「不錯喔！在期限之內完成了，辛苦你了。可以在週末之前，將這個部分做成圖表，讓它更簡明易懂一點嗎？」

帶著微笑說「不錯喔」，可以緩解部下的緊張心情。在那之後再給予指示，部下會更容易接受。

面對陳述意見時，欠缺自信的部下

「不錯喔！你提了這麼多意見，在會議中積極討論很好。」

不管是什麼意見，都先以一句「不錯喔！」來回應部下，會讓部下更願意說出自己的想法。

POINT

- 就算尚有不足之處，也請先以「不錯喔」來回應，之後再指出可以加強的地方。
- 對於達到平均水準，或比平均稍微好一點的成果，除了「不錯喔」，也可說聲「加油」。

好厲害！

當部下的工作成果超乎預期時，可以讚美一聲「好厲害」。「好厲害」這句話不只表示對部下的認同，也能傳達你的讚美和感動。聽了之後，部下的幹勁應該也會大幅提升。

讚美時可以再加上理由，例如，什麼地方讓你感動，或是你覺得哪裡做得很棒。

「好厲害！你竟然可以想到這麼新穎的點子。」

透過「好厲害」＋「理由」這樣的模式，把你心中的想法傳達給對方。

「好厲害！這份企畫考慮得非常周詳，連我都無法想得這麼仔細，你真的太了不起了。」

將「好厲害」＋「真的很了不起」合併使用，就成了最強而有力的讚美話語。

POINT

- 如果什麼事情都一律用「好厲害！」來稱讚，對方可能會覺得你只是在拍馬屁。所以，「好厲害！」這句話應該只在你真正對部下感到讚嘆的時候才使用。
- 和「好厲害」具有同等讚美效果的是「太了不起了！」、「真有你的！」、「太完美了！」「好專業啊！」等。

不能光是讚美！

讚美之後，必須提出下一個小步驟。步驟的難度和內容因人而異，如果一下把障礙拉得太高，會讓人感到挫折，太低的話，則會沒有成就感。

✕

部下「雖然花了很多時間，但總算是和A公司完成簽約了。」

上司「這樣啊，你做得很好。」

除了讚美的熱情不足，也沒有提出下一個步驟。

○

部下「雖然花了很多時間，但總算是和A公司完成簽約了。」

上司「這樣啊，真是太好了！○○真的是耐力驚人，恭喜你！你真的很努力。可以從你的角度整理一下，之所以會花這麼多時間的原因嗎？」

如果能和部下一起感到高興，部下會更有成就感，請不厭其煩的給予讚美。讚美之後，提出下一個課題，便可以讓部下持續成長。

✕

部下「前幾天的訪談結果已經出來了。」

上司「你做得很好。請你思考一下，該怎麼做才能讓我們的產品擁有第一名的市占率。」

部下「嗯……我知道了。」

↓

突然提出目標，部下會不知如何著手。重點是要準備可以逐步完成的階段性步驟。

O

部下「前幾天的訪談結果已經出來了。」

上司「你做得很好。看了這份結果，我們的商品價格似乎是個障礙，必須思考一下降低成本的方法。OO，你有什麼想法嗎？」

POINT

- 將「讚美話語」和「提出課題」視為一個組合來進行思考。
- 首先，要設定目標。將為了達到目標必須做的事，分成小步驟，協助部下一個個完成。

不同情境的讚美技巧①

讚美首次提案就成功的部下

男性通常會因為針對事實受到讚美而感到高興。因為在眾人之前受到讚美很有成就感，所以也可以安排這樣的場合。不過，很重要的一點是，必須提出一個大家都能接受的理由，進行公平的讚美。

另一方面，女性很重視和身邊的人關係的和諧性，不喜歡太誇張的讚美，若能表現出同理心，並讚美其內在特質，她們會很開心。

早會時在大家面前對男性部下說

「太棒了，○○的案子獲得採用了！恭喜！（所有人全力鼓掌）」

讚美一個人時，可以擊掌說聲「太棒了！」，也可以出手比讚。

面對女性部下個人

「○○展現了細膩的感性，這案子做得非常好。恭喜妳的案子獲得採用，真的太棒了，我也很開心。」

說句「我也很開心」，拉近和部下之間的距離。

POINT

- 如果是喜歡與人交流的人，在大眾面前受到讚美，心裡會非常開心，但內向的人可能不太喜歡，要仔細觀察部下屬於哪種類型。
- 與部下分享喜悅，並稱讚對方的感性，部下會覺得自己受到肯定。

不同情境的讚美技巧②

讚美部下的調查報告

看了報告之後，要馬上讚美，不要錯過時機。想像一下部下拚命調查的模樣，慰勞他們的辛勞。以激勵或期待的話語做結尾，更能提高部下的動力。向女性部下針對她們的貢獻表達感謝，她們會非常高興。

面對男性部下

「你整理的真好。太完美了！接下來也請繼續保持這種狀態！」

「這個調查很不容易，應該很辛苦吧！我就知道〇〇一定可以辦到。」

面對女性部下

「妳調查得非常詳細。謝謝！客戶一定會很高興。」

「謝謝。〇〇謹慎的工作態度，足以做為大家的榜樣。」

POINT

- 聽到上司說「太完美了」，部下會有十足的成就感。這句話雖然很簡單，卻很有力量，不分男女皆可使用。
- 當人們感覺自己對身邊的人有幫助時，都會非常高興，女性尤其如此。

不同情境的讚美技巧③

讚美部下的細微成長

看到部下的成長時，就算只是些微的進步，也要立刻讚美。即使是本來就應該會的事情，也要多加表揚。最重要的是幫部下建立自信。不過，絕對不能和他人比較。讚美的原則是，只和部下自己的過去比較，只要有所進步，就給予稱讚。

面對學會正式打招呼的部下

「小〇〇也做得到耶，真了不起。」

這句話聽起來帶有藐視的意味，部下無法真心感到高興。

○

面對學會正式打招呼的部下

「這問候讓人聽起來很愉快。」

對逐漸熟悉電話禮儀的部下說

「你接聽電話的方式比以前更加開朗俐落了！」

POINT

● 不要嘲笑或玩弄部下，請給予直接、積極的讚美。

● 不要等部下完全學會，而是要在他剛開始成長時就要加以讚美，如此可讓他成長得更快。

不同情境的讚美技巧④

讚美女性部下平日的貢獻

現在雖然已是男女平等的時代，但女性在擔負後援任務時，還是不太容易被看見。這些工作就像在幕後支撐團隊一般，我們應該多加留意，並盡可能給予讚美。如果發現上司有在注意自己，就能感受到工作的意義。此外，肯定她們的存在，對部下來說也是極大的喜悅。

「○○，謝謝妳總是把資料整理得這麼清楚，真是幫了大忙。」

「○○，真高興有妳在我們的部門。因為有妳在，辦公室變得非常有朝氣。」

「多虧了○○，大家也養成整理的習慣，感覺非常舒適。謝謝。」

POINT

- 加上「總是」兩個字，可以更強烈的傳達出「我一直都在注意妳，知道妳的努力」這樣的訊息。
- 如果可以告訴對方對周遭帶來了什麼樣的正面影響，也是一種至高無上的讚美。

不同情境的讚美技巧⑤

讚美比自己年長的部下

比自己年長的部下，包括退休後二度就業、年紀足以當自己父母的人，中年的兼職女性，以及年紀比自己稍長的公司前輩等，各種不同的身份。面對他們時，無論如何，都不可以擺出一副高高在上的姿態。

如果部下比自己年長許多，可以用面談的方式來給予讚美。此外，針對工作之外的私生活加以讚美，也有很好的效果。

「○○的資料總是非常精確，請問你平常都特別注意哪些地方呢？」

「你卡拉OK唱得真好，可以告訴我祕訣嗎？」

「聽說你養了一隻可愛的狗，我也是愛狗一族。」

POINT

● 「讚美」容易讓人感覺是上司給予的評價，所以對比自己年長的部下，用請教的形式來提問，並加以稱讚，可能更為合適。

● 除了興趣之外，讚美家人或寵物也可以讓對方感到開心。

面對比自己年長的部下，很重要的一點是，要帶著敬意來跟對方互動，並盡可能給予尊重。不妨針對年輕人所欠缺的經驗或智慧來進行讚美。

此外，也可以跟對方諮詢或尋求意見。諮詢可傳達出「我信賴你，也肯定你的能力」的態度。

「這份報告的觀察角度非常棒，真了不起，我也要多多向你學習。」

「我很欣賞○○的交涉能力，有件事希望能請你幫忙……」

「有件事想跟你請教，這個地區的銷售通路開發遲遲沒有進展，實在很傷腦筋。請問你有什麼有效的策略嗎？」

「有件事想請教你的意見……」

POINT

● 透過「這件事只有○○能做」、「經你這麼一說，我才注意到！」等讚美，針對對方的智慧和經驗表達肯定和感謝。

● 也可以和對方請教「要在哪一家餐廳舉辦尾牙」，或是「出差目的地的住宿該怎麼處理」之類的例行事務。

幫助受挫的部下鼓起勇氣

若部下發現自己把事情搞砸了，正在反省，那就不用再多加斥責。因為這樣只會讓他失去自信與動力，沒有任何好處。即使失敗了，也不代表一切都不好，當中一定也有做得不錯的部分。請針對那個部分給予肯定和讚美，鼓勵對方重新振作起來。

「你能鼓起勇氣馬上跟我報告，真的很棒。一旦有延誤，事情會變得更棘手。我相信○○，一定可以挽回。」

報告自己的失敗是一件痛苦的事，若能夠理解對方的心情，並加以鼓勵，部下的心裡也會變得比較輕鬆。

「這次有點可惜了。不過我覺得這個點子很好，要不要試著從其他角度再試著重新擬定戰略？」

指出做得不錯的地方，並建議下一個步驟。

POINT

- 透過「如果是你，一定沒問題」、「我相信你」之類的話語，讓部下知道，即使失敗也絕對不會棄他於不顧，並且鼓勵他再次挑戰。
- 「太可惜了」帶有「只差一點點」的意味。想指出部下的問題點，或結果不好時，說句「太可惜了」，可以傳達對部下的肯定。

就算結果不好，還是可以讚美部下的努力或挑戰精神。這個時候可以說「這是很好的嘗試」，這句話可以成為拯救沮喪部下的救生圈，請用「這是很好的嘗試」來鼓勵對方。

✕

部下 「對於這次的失誤，我感到非常抱歉。」

上司 「因為你經驗不足，這也是沒辦法的事，下次再加油吧！」

或許你想安慰部下，但如果被說是經驗不足，部下會覺得很受傷，以致心情低落。

〇

部下 「對於這次的失誤，我感到非常抱歉。」

上司 「這是一個很好的經驗，是很棒的嘗試，也是成長的機會！可以把這次的失誤當作學習，好好運用在往後的工作中！」

POINT

- 與其以「沒關係」之類的話語來安慰，「這是一個很好的嘗試」、「下次一定要讓它成功」更能鼓舞士氣。
- 請本人思考改善策略，讓失敗成為下次成長的養分。

不同情境的讚美技巧⑦

藉第三者的話來讚美

告訴部下「〇〇先生對你讚譽有加喔！」，會讓他動力倍增。這雖然是一種間接的讚美，但不管是轉達讚美的你，還是聽到這些話的部下，心情都會因此變得愉悅。聽到他人對部下的好評，請馬上轉告。

「客戶稱讚〇〇，說你的應對非常棒。」

「〇〇，你風評很好，我期待你的表現。」

「○○，你真的很努力學習，對了，○○課長也很佩服喔！」

「○○的分析能力太出色了，在部門中，大家都很稱讚你。」

POINT

- 站在部下的角度，他會認為，除了讚美的人，自己同時也受到上司的肯定，所以倍感高興。
- 自己先讚美，然後再加上一句「○○也對你讚譽有加」，可以大大提升讚美的效果。

不同情境的讚美技巧⑧

在第三者面前讚美部下

建議也可對著第三者讚美自己的部下。即使部下不在現場，只要是發自內心的肯定，就可以進行讚美。當話傳進部下的耳朵時，他會因為你的讚美而感動，也會對你更加信賴。

對著公司外部的第三者介紹、讚美部下

「這是我的部下○○，對IT領域相當熟悉，幫了我很大的忙，我也一直在向他學習。」

在自家公司的上司前讚美不在場的部下

「課長，〇〇非常優秀，點子也很新穎，之前的任務就是他帶領大家完成的。」

「〇〇進步非常多。雖然現在還沒有具體成績，但在不久的將來，應該會做出成果。」

POINT

- 在本人面前讚美，他可能會感到害羞或謙虛，但不管如何，都要讚美到底。不過，面對公司以外的人，最好不要過度讚美。
- 要盡量讓大家知道部下的優點，如此一來，身為指導者的你評價也會有所提升。

不同情境的讚美技巧⑨

對跑完外務的部下表達慰勞

不要認為這是工作，所以一切都是理所當然，當部下跑完外務、回到公司時，請懷抱感謝之心，透過話語慰勞他的辛苦。光是一句「辛苦了」，就能夠緩解部下的疲勞。

男性上司對男性部下／女性上司對女性部下

「好大的雨啊！辛苦了。」

「天氣很熱吧，真的是辛苦妳了。」

男性上司或女性上司對女性部下

「雨下得這麼大，辛苦妳了。」

「這個客戶非常難纏，累壞了吧！辛苦妳了。」

POINT

- 不要吝嗇說出感謝或慰勞的話語。不過，形式上的話語無法傳達真心，要體貼部下的辛勞，並加以關懷、問候。
- 對女性部下說聲「很辛苦吧」，表示自己體會她們的感受，如此，會讓她們有一種被理解的滿足感。

讚美專欄

2

常把「感謝」掛在嘴上

你今天說了幾次「謝謝」？有魅力的人或能幹的上司會把「謝謝」當口頭禪，因為他們知道感謝的重要性。

如果你難以開口說出「謝謝」，有可能是你以自己的標準，把道謝的門檻設得太高了，有多少人能夠順利跨越你設下的門檻呢？

如果可以把門檻降低，即使只是一件小事，也開口表示感謝或慰勞，部下應該會慢慢享受到不斷跨越障礙的樂趣，這也能提升他們對工作的熱情。

建議大家在平常的生活中，也練習說聲「謝謝」。

比方說，當有人在電梯中按著按鈕等我們進入電梯時，不要說「不好意思」，而是向對方說「謝謝你」。當有人幫我們做了什麼事情時，請說聲「謝謝」。**「不好意思」是用來表達歉意的話語，會讓氣氛變得沉重，「謝謝」是積極正向的語言，聽了會讓人心情變好。**開口道謝的次數越多，心裡會越覺得溫暖。

CHAPTER 3

不要害怕檢討部下的錯誤

只有讚美，人並不會改變

近幾年，有越來越多人因為無法適當與部下一起檢討錯誤而感到煩惱。因為害怕被人認為是職場霸凌，也害怕自己被部下討厭，更擔心部下因為受到責備而辭職。所以主管變得畏縮，不敢糾正部下。

事實上，「讚美」和「檢討」就像車子的兩個輪子。光是讚美，或光是檢討，車子都無法順利前進。兩者必須取得平衡，才能順利抵達目的地。

有的時候要帶著笑容讚美，有時則要嚴厲的責備，敦促部下進行修正，這是領導者的責任。**光是讚美，人是無法成長的。**

在第1章中介紹的拚命讚美駕訓班「南部汽車駕駛訓練班」，在指

導學員時，不光只是讚美，對於牽涉到生命安全的失誤，他們會嚴厲責備。這才是真的愛護學員，不是嗎？

沒有什麼比沒人願意檢討自己，更讓人感到孤獨、失落，因為這表示沒有人關心自己，會讓部下失去鬥志。

正如德蕾莎修女所言：「愛的相反不是恨，而是冷漠。」

檢討，是促進部下成長、提升他們的熱情不可或缺的一環。不要害怕、不要退縮，請帶著信念，在該責備的時候加以提出指正。以「讚美」為基礎來給予建議，部下應該也會坦率接受。

POINT

- 檢討是對部下的關愛，也是上司的職責。
- 檢討是讓部下成長，往更好的方向前進不可或缺的一環。請勇敢面對，不要逃避。

提醒、檢討和發怒的差異

「提醒」是為部下設置防線，避免他失敗，堪稱為「預防摔跤的建議」。因此，會在開始或過程中出言提醒。

「這裡很容易弄錯，要小心喔！」

「這樣可能會來不及，步調得再快一點。」

而「檢討」的目的是指出問題點，讓部下注意下次不要再犯，促使他們採取更適合的行動。這是一種是幫助部下成長，激發其潛能的溝通。

那麼，「發怒」又是如何呢？**「發怒」是為了發洩情緒而攻擊對方。**

「檢討」是為部下著想，以對方為出發點的行為；相對於此，「發怒」只

是發洩自己的情緒，並沒有考慮到對方，是以自己為出發點的行為。「檢討」是培育部下不可或缺的一環，但「發怒」則會讓部下變得畏縮膽怯，失去幹勁，必須盡量避免。話說回來，人是感情的動物，有時也會因為太過激動，而發火動怒。這是自然的情感，也是和對方真誠相待的證據，比漠不關心要來得好。不過，如果只是一味的發怒，部下也會因為太過疲倦而選擇離開。**請學習控制怒氣的技巧，改變自己的表達方式。**

一如前述，「提醒」、「檢討」和「發怒」的目的與內心動機各不相同，但都是因為關心對方才會出現的行為，歸根結柢都是因為「愛」。

POINT

- 提醒、檢討是以對方為出發點，發怒則是以自己為出發點，兩者雖有不同，但都是出於對對方的愛。
- 感到憤怒是很自然的反應，但要學會在不將情緒直接發洩出來的狀況下，表達自己的想法。

為什麼即使檢討了，部下還是當耳邊風？

「讚美」和「檢討」的目的是一樣的，都是希望部下成長，激發他們的潛能。因此，**擅長讚美的人，應該也善於檢討錯誤。**

讚美的時候，重要的是肯定對方，給予成長或貢獻的實際感受等「心理報酬」，這一點也適用於檢討錯誤時。

即使被檢討，只要部下能感受到自己受到肯定、只要克服當下的難題就能成長、自己也能有更多貢獻等實際的正向回饋，他們就願意虛心接受指導。

如果在檢討之後，部下的行動力或積極性沒有任何改變，那問題可能出在你檢討的方式或態度上。此外，也有可能你們平常的關係出了問題。和「讚美」一樣，部下的反應會隨著對你的信賴度而有所差異。因此，**先建立一段能夠好好跟對方一起檢討錯誤的關係是很重要的。**

部下把自己的話耳邊風的主要理由，可能有以下幾點：

交付的任務是否恰當

可以確認一下是否有以下狀況：指令不夠明確、工作量太大，或是交辦的工作超過部下的能力範圍。

指責部下之前請先深呼吸，思考一下是否需要加以檢討。如果是自己指導不足或指令不適當，千萬不可加以檢討。因為這不是部下的責任，而是你需要反省自己。

檢討的時機是否合適

原則上，問題發生之後，就要馬上加以提醒、檢討。

不過，若部下非常沮喪、情緒激動，或者當你正忙於處理該失誤時，最好等事情告一段落再進行事後檢討。務必掌握適當的時機。

是否確實傳達工作的目的與目標

上司和部下應該是朝著相同目標前進的夥伴。如果沒有告訴部下要前往的地點，部下的行動和上司的想法就無法一致。在這樣的時候，即使加以責備，部下也不知道自己哪裡做錯了。請事先清楚說明做這個工作是為了什麼？目標又是什麼？

是否明確告知檢討的理由

如果不知道自己受到責備的理由，部下心中就會產生不認同。請以簡單易懂的方式告訴部下理由為何，讓他們理解。

平常是否有常常關心部下

你是否能夠清楚掌握部下最近的工作態度、對方是否有什麼煩惱、是否感受或意識到工作的意義？對自己漠不關心的上司所說的話，部下通常只會把它當耳邊風。因為其中缺乏熱情、愛與期待。

是否不分青紅皂白的責罵

「你到底在搞什麼！」之類的不分青紅皂白的斥責，會觸發人們的心理防衛本能，讓部下關閉自己的內心。遇到痛苦或難以忍受的事情時，為了保護自己，人類會發揮將自己與外界隔離的能力。

首先，應該認真傾聽部下說明，為什麼他會採取這樣的行動，因而導致這樣的結果。或許其中有什麼不得已的原因，把事情弄清楚之後，再考慮是否需要檢討。

是否說出否定對方人格或個性的話語

當有人對自己說「不管讓你做什麼，你都會搞砸」、「你真的有夠懶散的」，應該只會想關上耳朵吧。這時，可能有人會理直氣壯的說「反正我就是沒有用！」，也有人會惱羞成怒的說：「什麼嘛，自己還不是一樣！」

檢討的目的是提出問題，並敦促部下改善，而不是傷害或擊垮部下。請指出問題點或事實，例如「請遵守提出報告的時間」，並具體告知時間，引導他們表現出該有的行為。

檢討的標準是否明確

做了同樣的事，若有時會挨一頓臭罵，有時卻又安然無事，部下會感到非常混亂。此外，如果不是對每個人都一樣公平，部下也會心想「什麼嘛，只有我挨罵」，從而無法信賴上司，或產生不安全感。**因此，很重要的一點是，什麼時候要加以檢討，必須有明確的標準，不可隨意改變。**

比方說，出現對顧客很失禮的行為，或者遲交工作報告時，應該嚴厲指責。如果沒有特殊原因，遲到三次以上也要加以嚴厲指責。像這樣清楚確立原則，並且告知部下，在責備時就不用感到猶豫，部下也知道什麼事是不對的，可以理解是自己的錯。

是否在眾人面前檢討部下

在眾人面前被檢討，會讓人感到羞恥，不管是誰都會覺得受傷，也會因此對上司感到憤怒或不信任。**檢討的時候，千萬別忘了要尊重對方**，請盡量採取一對一的形式。

不過，若是很小的失誤或馬上可以改善的事，可以當場提醒。比方說，「這個字錯了，要改過來喔！」、「這個措辭可以改成OO，聽起來會更有禮貌」等，諸如此類的事情就不用特地把部下叫過來跟他說。

是否喋喋不休的說教

檢討部下時，內容要簡潔！如果一直喋喋不休，誰都會覺得厭煩，甚至搞不清楚究竟是為了什麼原因而遭到責備，同時，也要避免諷刺或挖苦。此外，不要像翻舊帳一樣跟對方說「那個時候也是這樣」，或是「說到這個，你的座位也沒有整理乾淨」，扯到其他不相干的問題。

檢討錯誤的時候，最重要的原則是「簡短、明確」。

是否和他人比較

說出「OO都能做到這件事，你要向人家看齊！」這樣的話語，拿部下跟其他同事比較，會傷害對方的自尊心，絕對要避免。如果要比較，必須和部下平常的狀態相比，例如「這樣太不像你了」，或者和部下自己的過去相比，例如「你比去年成長許多，如果是OO，一定可以做到」。

是否是發自內心的檢討

嬉皮笑臉，或是語帶戲謔，無法傳遞任何訊息。**檢討的時候，必須用心、認真傳遞你的想法**，以你的熱情和誠意打動部下。即使部下當下有所反抗，總有一天，部下會對你表達感謝：「那個時候謝謝你把我教訓了一頓」。

以上整理的這些檢討的重點，是否有讓大家比較清楚該如何實踐了？如果自己曾經做出不恰當的指責，就從今天開始改善吧！

絕對要避免的是，對著因為失敗而情緒低落的部下窮追猛打，讓他們的熱情消磨殆盡。比方說，有一個人在河裡快溺水了，你會怎麼做？你會大聲怒斥：「你在搞什麼！還不趕快起來！」，還是突然教他打水：「把腳伸直用力踢」？

這個時候應該要先把游泳圈丟給他，把他救上岸吧！當部下感到氣餒時也一樣，為了不讓他沉下去，首先應該要鼓勵他，把他拉上來。這麼一來，部下應該也會發自內心的傾聽你說的話。

POINT

- 請回頭檢視一下，你和部下平常的關係如何，自己的檢討方式是否恰當。
- 檢討部下的錯誤時，必須做到認真、簡潔，清楚告知理由，以及公平、公正。

維持部下動力的檢討方式

大家常說最近年輕人的抗壓性很低。因為他們不習慣遭到責備，所以如果不分青紅皂白的加以指責，部下很容易感到挫折，有時甚至會演變成惱羞成怒的狀況。所以，重點是必須採取能夠讓部下理解，並且維持動力的檢討方式。

首先，就像讚美一樣，檢討之前也要有心理準備。如果你自己的態度不夠堅定，或是抱持著「先罵他兩句看看」這種模稜兩可的心態，你的話語就無法真正傳達給對方。請帶著勇氣與熱情，以毅然決然的態度面對部下。

檢討時，可遵循以下幾個基本步驟：

STEP ①確認事實

「○○，你現在有空嗎？」可以像這樣先把部下找過來，然後，跟他確認：「提案的期限已經過了，但你好像沒有交出提案書？」這個時候，千萬不要劈頭就罵「你還沒交出來吧，你到底還想不想做！」重點是要先搞清楚事情的緣由。

STEP ②聆聽對方說明情況或理由

確認部下確實沒有交出提案書之後，可以跟部下說「這樣啊，如果是有什麼原因，請不要客氣，儘管告訴我。」這時可以溫柔的看著部下的眼睛，展現願意傾聽的態度。如此一來，部下便會敞開心房，主動說明自己的心情和當下的情況。

STEP ③明確傳達責備的理由

「原來是這樣，因為沒有蒐集到充分的資料，無法寫出有說服力的提案書，所以覺得煩惱。很抱歉，我沒有注意到這件事，不過因為提案書是有期限的，你應該早一點來找我討論，不然會造成客戶的困擾。」

理解部下的煩惱，並針對身為上司，卻沒能及時察覺這件事，向他表達歉意。然後，再傳達你想說的話。比起只是單方面的進行指導，先一步道歉，部下更能對你敞開心房。**如果部下無法跟你坦誠相對，不管你說什麼，他應該都無法接受。**

STEP ④讓部下思考改善方案

「那你覺得接下來該怎麼辦？」

請提出問題，然後引導部下自己找出答案。如果總是以「由上而下」的姿態提出指令，部下就變成只等著上司下指令的員工，不去思考問題的本質、不主動情報的搜集，也沒有自主性。

如果是很急迫的案件，或許只能採取這樣的辦法，但是如果想帶動部下成長，防止組織弱化，**要盡可能讓本人自己思考解決方案。**

STEP ⑤以笑容作結

當部下說出自己思考的方案時，**請給予讚美，並加以肯定**：「太棒了！不錯喔！就用這個方法！可以請你把內容整理出來，明天之前提出嗎？我非常期待喔！（笑容）」讓他可以立刻著手準備並繳交提案書，**然後，以笑容作結。**

不過，事情並非到這裡就結束了。之後，要繼續觀察、追蹤部下的狀況，看他是否遵守約定，行為是否已經改善。

如果對方確實履行了承諾，或是有所改善，即使只有些微進步，都請務必給予肯定，並以溫暖的話語鼓勵他。如此便能幫助部下建立自信，邁向下一個小步驟。

不要檢討後就撒手不管，而是要透過這樣的循環，讓部下踏上成長的軌道。**不管是讚美還是檢討，本質上要做的事都是一樣的。**

POINT

- 檢討的時候，請創造一個能夠愉快的以微笑收尾的過程。
- 不要在檢討結束後就撒手不管，必須進行後續的觀察、追蹤。

檢討的必勝公式

直接在部下面前指出問題後，對方可能會反彈，或是感到沮喪，以致根本聽不進真正重要的內容，只留下不愉快的印象。因此，檢討的時候，如果能按照以下的順序來進行，會比較順利。

感謝＋緩衝話語＋檢討（提醒、要求、建議）＋鼓勵的話語

這裡提到的感謝，指的是讚美或肯定的話語。首先，要打開部下的心房，接著，指出問題點，最後再以正面積極的話語開朗的收尾。

比方說，當部下說：「我查了很多資料，但一直無法從中彙整出一個提案。」你會怎麼回應？

A上司（帶著嚴肅的表情和嚴厲的口吻）

「你在說什麼！彙整資料不是你的工作嗎，不要拖拖拉拉的！」

B上司（帶著認真的表情和口吻）

「謝謝你查了這麼多資料。不過，很抱歉，因為怕趕不上下次的會議，可以請你O日之前整理給我嗎？我相信只要OO冷靜思考一下，一定可以擬出一個好方案，麻煩你囉！」

哪一種說法可以提高部下的工作動力？答案應該很明顯吧！B上司的說法是按照以下的結構來進行。

（首先表達感謝）

「謝謝你查了這麼多資料。」

⬅（務必在最重要的話之前，加入一段「緩衝話語」）

「不過，很抱歉」

⬅（陳述為什麼希望對方這樣做的理由）

「因為怕趕不上下次的會議」

⬅（明確告知日期，委婉的提出要求）

「可以請你O日之前整理給我嗎？」

⬅（給予鼓勵）

「我相信只要OO冷靜思考一下，一定可以擬出一個好方案，麻煩你囉！」

就像這位B上司一樣，從表達謝意的「謝謝」開始，加上體貼對方心情的緩衝話語，然後傳達想說的話，如此就可以讓部下敞開心房，誠懇傾聽你說的話。或許有人會覺得這樣太麻煩，但這種方式能帶來更順暢的溝通結果，同時，也可提升部下克服問題的主動性和意願。

我自己也曾有過類似經驗。在進行「神秘顧客調查」時，出現了一個突發狀況，導致時間變得非常緊迫，讓報告有一些遺漏。後來，我的上司對此提出了疑問。

「這太不像平常的中村小姐了，發生了什麼事？這次的收尾似乎有點草率。」雖然這句話帶有些許責備的意味，但我卻從「這太不像平常的中村小姐了」這句話得到救贖，也因此，我坦率的說：「非常抱歉」。

如果當時上司說的是「妳在搞什麼鬼？這種調查報告怎麼行！」儘管我自知有錯，可能還是會有所反彈，甚至找藉口搪塞。

每個人對於話語的接受和感受方式都不一樣，「這太不像平常的ＯＯ了」之類的話語，帶有「我很肯定平常的ＯＯ，而且一直在默默的觀察你」的意涵，這是一種肯定，也可視為一種變相的讚美。

POINT

- 如果能以讚美或肯定的話作為開頭，部下就會敞開心房聽自己說話。
- 站在部下的立場，思考傳達訊息的方式會帶給聽者怎樣的感受，這一點非常重要。

要時時刻刻意識到，溝通是雙向的

檢討錯誤的時候，很容易陷入單向溝通，尤其是生氣的時候。比方說，「為什麼沒有簽下合約？」

雖然嘴上說著「為什麼」，但實際上根本不打算等對方回答，甚至立刻再補上一句：「你不說我怎麼會知道！有話要說啊！」聽到這些話，部下也只會繼續保持靜默，於是，上司的情緒越發激動，導致場面全盤失控——。

為了避免出現這種狀況，我曾在一場針對管理職的講座中，安排一

個實作練習。練習的情境是，當部下撰寫的企畫案水準太差，完全不符合預期時，上司該如何溝通。我讓參與者分成上司與部下兩個角色來演練，一開始，我對大家說：「請大家像平常那樣自然的進行對話。不過，請記住，最後要讓部下提出一些想法，並且說出『我會努力試試看』這句話。」

多數扮演上司角色的人一開口就是「這是什麼啊？」、「你該不會真的覺得這種企畫案會通過吧？」之類的質問。

另外一些扮演上司角色的人則是沉默不語。根據日本厚生勞動省的調查，即使是大學畢業生，也有將近三成的人在進入公司三年內就離職。在這樣的背景下，很多上司會變得小心翼翼，深恐一不小心說錯話，導致人員流失。

根據台灣104人力銀行【2024人資F.B.I.研究報告】發現，新人在到職半年內，有33%會離職。

實作練習結束後，我讓大家看實作時拍下的影片。「大家覺得如何？幾乎都是扮演上司角色的人自己說個不停，扮演部下的人只能不斷說著『是』，這樣只是上司把自己的情緒和想法發洩出來而已。關鍵是，**不要不分青紅皂白的否定對方，而是要引導部下說出『我會試著這樣改善』這句話。**」

這個練習的目的就是，讓身為主管的人意識到，自己和部下的對話有多容易變成單方面的溝通。就算企畫的內容程度很差，也不可能完全不能用。因此，**首先要找出值得讚美的地方**，如果找不到，就慰勞對方的辛苦。

上司：「你在期限之內交出了企畫案，真的很努力，不過有些地方有點可惜。」

部下：「請問是哪裡有問題？」

上司：「這個部分的效果比較弱，應該可以讓它更吸引人一點，OO你覺得呢？」

部下：「我想一想……可能是我做的訪談還不夠深入，我想再重新做一次看看，想辦法讓範圍再擴大一點。」

像這樣，提出問題後，留一點思考的「空間」，讓部下自己去思索哪裡出了問題，他便能深入理解，進而自己決定下一步，並以正面的心情繼續向前邁進。

相反的，如果一開始就予以否定：「訪談內容太草率了，重做一次！」應該也只會讓部下垂頭喪氣，感到非常挫折。

檢討部下的錯誤時，更要時時提醒自己進行雙向溝通。

很重要的一點是，不要質問對方「為什麼事情會變成這樣？」而是應該詢問對方：「你覺得怎麼做比較好？」、「該怎麼做會比較順利？」，引導他說出下一個步驟。

我們的大腦有一種「遇到提問時，就會試圖找出答案」的特質，所以提出問題後，部下會開始思考，並進一步主動投入工作，其積極度和獨創性也會逐漸提升。

POINT

● 單方面的責備只會打擊部下的熱情，無法建立信賴關係。
● 要隨時記得提出問題，啟動部下的大腦去主動尋找答案。

讚美專欄

3

火冒三丈時，平息怒氣的方法

一般來說，憤怒的高峰大概會持續六秒左右。如果能夠撐過這段時間，就比較容易能控制住情緒，建議大家可以試試以下的方法。

- 火冒三丈的瞬間，可以試著判斷自己憤怒的程度。如果極度生氣是十，現在大概是多少，「是五？還是六？」如此，就能將注意力從憤怒本身轉移開來。
- 緩慢的深呼吸。把吐氣的時間拉長，比較容易緩解緊張的情緒。
- 告訴別人「我去一下洗手間」，暫時離開現場，並且進行深呼吸。

● 在腦海中試著計算，從一百開始，一次減去七。

● 平常就準備一些可以讓自己冷靜下來的話語，例如「沒關係，沒關係」、「保持冷靜！」、「豬，豬，小豬豬」，當怒氣快爆發時，在心中默唸。

即使這樣做，還是無法控制的發出怒吼時，請爽快的道歉：「剛剛不好意思，我話說得太重了。」這句話可以讓沮喪的部下重新振作。

CHAPTER 4

打造信賴關係的檢討實踐範例

檢討時要先給予讚美！

一如前述，要說出對方覺得刺耳的話時，要以讚美的話作為開頭。如果不這麼做，部下會以為自己遭到全盤否定，進而變得意志消沈。首先，要傳達「我肯定你」的訊息，讓對方打開心房。

「這份資料是怎麼回事！錯誤一大堆！」

如果劈頭就給部下一頓罵，對方會因為心理防衛反應，而封閉內心，你說的話也無法傳達到他心裡。

「你每次都把資料整理得很清楚正確，謝謝！不過，這次是怎麼回事，資料中有錯誤喔！」

先對部下表示肯定，慰勞平日的辛勞後再指出錯誤。

POINT

- 說出嚴厲的話語前，一開始要先讓對方感到溫暖來減緩衝擊。
- 指出錯誤時，要強調這只是一次「偶然的失敗」，在檢討的事情前面加上「這次……」。

三秒檢討法

讚美的時候多說幾句也無妨，但斥責的時候，千萬不要嘮叨個不停，而是要力求簡短，並且簡潔有力的結束。這麼一來，部下就會覺得「這位上司很能幹」，進而產生敬意與信賴感。

「準備不夠充分。對了，之前的案子也是有點匆促上路吧。你就是太性急了，字也寫得很醜，桌子上總是一團亂……」

部下搞不清楚自己為何被罵，也會對冗長的責備感到厭煩，完全聽不下去。

「下次要像平常那樣沒有失誤喔，麻煩你了！」

如果搭配動作，例如單手擺出勝利的手勢，更能有效的傳達你的訊息。

POINT

- 抓住部屬犯錯的機會，就把所有問題通通拿出來指責一番，是最差勁的責備方式。
- 若能有意識的「在三秒內結束檢討」，雙方都能迅速轉換心情。

讓部下心生感謝的提醒方式

如果任務中有容易出錯的地方，請事先指出。不過，很重要的一點是，要讓本人自己去思考，促使他們自發性的投入。因此，要將提醒控制在必要的最低限度以內。絕對不能培養出總是在依賴指示的人或機器人，領導者必須是給予啟發的人。

○

「這個部分很容易弄錯，要注意喔！」

在容易犯錯的地方，幫部下設好防線。

「我還是新人的時候，常常在這裡犯錯，〇〇也要小心處理喔！」

「熟悉之前，大家都會犯下這個錯誤，沒問題的。但從下次開始就不要再犯錯囉。」

POINT

- 明明知道部屬容易在哪裡犯錯，卻還是置之不理，是上司的失職。
- 當被告知「不只是你，大家都一樣」、「我也曾經犯錯」，部下會覺得安心，也會更加信任上司。

這樣檢討，讓部下脫胎換骨

如果部下自己沒有理解哪裏有錯，並下定決心改變，事情就無法真正改變。你能做的就是激勵他們，告訴他們當下的問題點，並指出如果可以克服這些問題，就可能達到什麼樣的層級。以「ＯＯ你一定做得到」這樣的話語加以鼓勵也很重要。

「ＯＯ，你的積極態度非常值得嘉許。不過最近爭取簽約時，好像有點過於強硬了。如果可以用溫和的語調說明得更仔細一點，讓客戶打從心底接受，這樣後續的問題應該會少一點，你不覺得嗎？按照目前這個情況繼續下去，OO你今年一定可以成為優秀員工，我建議可以再調整看看。」

想讓部下有所覺醒，比起一味的責備，這種說法應該更有效。

POINT

● 比起期待自己的話語改變部下，不如激發本人的自覺。
● 可以從各種不同的角度來表達對部下的信賴和期待。

不同情境的檢討技巧①

部下交出不切實際的企畫案

無論什麼時候，都不要開頭就全盤否定，首先要用溫和的態度肯定對方。當部下提出的內容與自己的期待不符，或是想對部下的提案提出不同意見時，可以善用「原來如此」這句話。不過，如果對方是比自己年長的部下或上司，這句話可能會被認為有高高在上的感覺，必須避免。

✕

部下「主任，新的企畫案完成了。」

上司「這樣不行，完全不能用，你再好好規劃一下。」

如果劈頭就予以否定，部下會失去自信，對工作的熱情也會冷卻。

面對帶著新的企畫書來找自己的部下

○

「原來如此，這點子很有趣，你可以再修改一下，讓整個概念更加清楚嗎？」

「原來如此，很不錯喔！不過有個美中不足的地方……」

POINT

- 即使是表達相同的內容，從否定切入和從肯定切入，會給人截然不同的感覺。
- 即使覺得成品不夠理想，還是可以用「原來如此，這很有意思」，先給予對方肯定，然後再敦促他修改，如此就能維持部下的工作動力。

不同情境的檢討技巧②

不接電話的部下

現在行動電話相當普及，越來越多年輕人從未接過市內電話。即使眼前的電話響了，如果知道不是打來找自己的，就會置之不理。事實上，前幾天某位年輕社員問我：「比起由我來轉接，上司直接接聽不是更有效率嗎？」不要理所當然的認為「新人就該接電話」，而是要告訴他們轉接電話的意義。

✕

「為什麼不接電話，如果你眼前的電話響了，就把它接起來！」

↓

不要以「為什麼」等責備的話語作為開頭。

「〇〇，你可能還不習慣，但是，電話響的時候，可以幫忙接一下嗎？〇〇接了電話之後，判斷一下要把電話轉接給誰，或者是對方打錯電話了，對我們會有很大的幫助，麻煩你囉！」

冷靜的告訴部下，如果所有電話都由上司來接，反而沒有效率。此外，也要教導部下基本的電話禮儀。

POINT

- 很多時候，對自己而言是常識，但對部下來說並非如此。
- 要清楚告訴部下那個步驟或工作的意義是什麼。

不同情境的檢討技巧③

動不動就回嘴的部下

凡事都表現出反抗或攻擊態度的人，其實是因為自己不想受傷。因此，他們會主動釋放帶刺的言語或態度來保護自己。面對這樣的部下，如果加以嚴厲斥責，只會讓他們更把自己封閉在保護殼裡，因此，要儘可能冷靜應對。

面對一臉不滿的部下

「如果有什麼無法接受的地方，請說出來，不要客氣。」

首先，要仔細聆聽部下的想法。

面對對被指派的工作完全沒有動力的部下

「這看起來或許只是單純的業務，卻是提高調查可信度的重要工作。為了讓客戶得到好的成果，我希望可以由OO來負責。我相信最後大家一定都會感謝你的付出。」

仔細跟部下說明那件工作的意義，讓他們可以用更積極的態度來著手進行。

POINT

● 要打破部下自我防衛的硬殼，靠的不是嚴厲的斥責，而是溫暖的話語。

● 要讓對方知道，做這份工作會對他帶來什麼樣的好處或價值。

不同情境的檢討技巧④

經常遲到的部下

如果是第一次遲到，只要稍微提醒就可以了，例如「下次要注意時間喔」。但如果屢次再犯，就必須嚴正責備。這個時候不要用命令的語氣，而是**要用提問的方式，引導部下自己去思考問題。**

✕

「要說幾次你才聽得懂！不要遲到！你已經出社會了，要有點責任感！」

避免「好好的」、「認真的」、「確實的」等模糊不清的措辭。

O

上司「你總是讓工作正確無誤的進行，謝謝你。不過，遲到的次數有點多，是不是有什麼原因？」

部下「我早上爬不起來……」

上司「一旦遲到，一整天的行程都會被打亂，也會對其他人造成困擾。你覺得該怎麼辦？」

部下「……我會準備一個鬧鐘。」

POINT

- 以命令的語氣來加以斥責並沒有意義。
- 經常遲到或缺席時，有可能是身心或家庭出了狀況，不要一概認為是懶惰所致，應該多聽聽部下的想法，並經常主動關心他們。

不同情境的檢討技巧⑤

工作進度緩慢的部下

面對工作進度緩慢的部下，必須仔細觀察，了解其背後的原因。是因為時間管理不佳，還是弄錯優先順序，或者因為害怕失敗，所以花太多時間在反覆確認上？釐清原因後，教導他們正確的工作方式，必要時才予以責備。

✕

「你在搞什麼？再這樣下去會延遲交貨吧！盡量早一點完成！」

即使聽到上司這樣說，部下還是不知道該怎麼做。請和部下一起思考，該怎麼做才來得及。此外，不要對部下說「盡量早一點完成」，而是要明確告知期限，例如「這個禮拜之內要完成」。

「你做事很仔細，也很正確，這一點非常好。接下來，如果可以把速度加快，那就太完美了，以○○的能力，一定可以辦到，可以請你試著調整看看嗎？」

告訴部下他的優點，並加上一句「以你的能力，一定可以辦到」，就能強而有力的鼓勵對方向前邁進。

POINT

- 一味的責罵「太慢了！」，只會讓對方更加慌張，降低工作的速度和品質。
- 只要速度有所提升，就算只是一點點，就要給予稱讚，如此才能維持對方的動力。

讚美專欄

4

絕對不能說出口的話

無論再怎麼生氣，也絕對不能說出否定對方人格或性格的言語。此外，容貌、出身或成長背景等當事人完全無法改變的事物的相關發言，也絕對禁止。

無論多麼生氣，絕對都要避免使用否定對方人格或性格的言語。

NG措辭

- 所以你才不行啊！
- 連這點事也做不好嗎？
- 到底要我說幾次？
- 你到底有沒有幹勁啊？
- 我之前不是說過了嗎？
- 你自己動腦筋想一想
- 不要多管閒事
- 你老是這副德性
- 果然還是不能把事情交給女性
- 長得不怎麼樣，業績也乏善可陳
- 蛤？

CHAPTER 5

讓職場氣氛煥然一新、充滿朝氣的祕訣

舉辦「三明治早會」，愉悅的展開一天的工作！

有不少人來諮詢我，想知道如何改變氣氛緊繃、寂靜無聲的職場氛圍。這時，我最推薦的就是「三明治早會」，這個方法很簡單，效果也非常明顯，建議大家試試看。

三明治早會的步驟：

① 領導者的讚美問候
② 傳達必要事項
③ GOOD&NEW

首先，領導者要面帶笑容，開朗的跟大家打招呼：「早安！今天也精神飽滿的工作吧！」（①）

接著，傳達當天的報告事項、注意事項或營業目標等，和每個員工共享所有的資訊（②）。應該會有「開了新的分店」這種令人開心的報告，也會有「這個月的業績沒有達標，請大家各自想一想是什麼原因」這種壞消息。

就算是報告的內容再怎麼嚴肅，也要迅速調整心情，進入「GOOD & NEW」環節（③）。領導者要營造出容易開口說話的氣氛，帶著笑容點名部屬說話。

「請大家分享在過去一天內發生的好事或新的發現。今天，我們就請山本先生來說說。」像這樣，在「GOOD & NEW」環節中，邀請一位成員以一分鐘的時間和大家說說「好事」或「新的發現」。如果可以事先安排順序，可以進行得更加順利。

若團隊成員很多，因為可能會有人不擅長在眾人面前說話，這時也可以五～六人為一組。大家圍成一圈，輪流發表。這個時候，如果說話者手上可以拿著「橡膠毛毛球（Kush Ball）」，說完之後，把球交給下一位，可以讓氣氛變得更熱烈。

發表的內容可以是與工作相關的事，也可以是興趣或家人等私人生活的話題。「昨天，我去看了最近很紅的電影」或「早餐的麵包很好吃」之類小事也可以。

「我終於把一直卡關的合約簽好了。」
「我從使用者那裡聽到了很好的回饋，非常開心。」
「我聽說有家義大利餐廳很好吃，所以就去試試看，果然非常好吃。」
「最近我迷上保齡球，還買了自己的球。」

聽眾要以正面、肯定的態度專心傾聽，說完之後大家要一起鼓掌。

像這樣，以帶著笑容打招呼作為開頭，然後，以面帶笑容的「GOOD & NEW」收尾，便是三明治早會。其間就算參雜著壞消息，也可以帶著好心情展開一天的工作。

「GOOD & NEW」是美國教育學者彼得・克萊因（Peter Klein）所設計的，具有活化組織、促進溝通的效果。事實上，很多美國企業都採用這個方法，在日本也有越來越多企業導入。

剛開始，大家可能會覺得「沒有發生什麼好事啊」，很難找到可以分享的內容，但只要持續進行下去，團隊成員的想法就會改變，即使只是平凡無奇的一天，也會正向的認為「今天能安穩度過，真是太好了」。

「GOOD & NEW」能讓大家意識到，如果從與過去不同的角度來看待事物，就會發現不管發生什麼樣的事情，都有其正向積極的一面。

持續進行這個活動，可以讓成員變得正向積極，進而活化整個組織的氣氛。可能的話，最好每天進行，如果有困難，也可以固定在每週的某幾天實行。

POINT

- 面帶笑容的早會是提升組織向心力的第一步。
- 透過「GOOD & NEW」分享成員各自的私生活，加深彼此的了解。

藉由「讚美圈圈」，打造充滿笑容的職場

大家圍成一圈、彼此讚美，就是「讚美圈圈」。

領導者：「那麼，我們就來進行『讚美圈圈』活動。A讚美B，B讚美C……請按照這樣的順序，讚美隔壁同事的優點。」

A：「B總是非常開朗，就像是我們這個職場的開心果。」

B：「謝謝。C遭到接二連三的拒絕之後，依然可以鍥而不捨的堅持下去，我覺得這一點非常厲害，我也想向你學習。」

C：「謝謝。D非常時尚，品味又好，真的很讓人羨慕。」

D：「謝謝。E的個性非常豁達……」

像這樣輪流讚美，最後，等A受到讚美之後，所有人一起鼓掌。如果人數很多，可以分成幾個小組來進行。

養成這種互相讚美的習慣後，大家會更有意識的去發現他人的優點，或是在無意間發現對方的長處，因而對同事心生感謝和敬意。受到讚美的人會感謝欣賞他的人，整個組織的動力也會有所提升。

實行「讚美圈圈」的組織也告訴我，他們的員工笑容變多了，職場的氣氛也明顯改善了，非常讓人開心。

可以在一週的最後進行「讚美圈圈」活動，藉以取代「GOOD & NEW」。此外，也可進行「讚美大會」，亦即以抽籤的方式選出一個人，接受大家的讚美。

如果可以花點心思，讓大家開心的持續進行這些活動，就能改善人際關係，職場的士氣也會有所提升，**重點是要不間斷的持續進行。**

POINT

- 「讚美圈圈」可以幫助團隊成員發現過去沒有注意到的優點。
- 養成互相讚美的習慣後，職場的連結感和凝聚力也會隨之提升。

以玩遊戲般的心情，輕鬆改善職場

有一次，我受到某家銀行的委託，為他們進行神秘顧客調查。我們集結未達評分標準的分行的經理和負責人，進行了一場研習。首先，我告訴他們各家分行的優點。

「在大廳等候時，沒有等太久，就有人主動對我說『很抱歉，讓您久等了』。」

「進入分行之後，問候的時間點掌握得非常好。」

接著，我再說明需要改善的地方。**我刻意不說「不好的地方」，而**

是「需要改善的地方」，主要是希望對方能正向看待、力求改進。為此，我從這些「需要改善的地方」，挑出了一、兩個馬上可以著手且效果顯著的項目來說明。

「如果櫃檯人員在打招呼時可以面帶笑容，可以讓人感受到被歡迎的氣氛喔！」

「最近幾天明明天氣很好，但雨傘卻凌亂的插在傘架上。」

之後，我公開了神秘客調查的所有評分項目。評分項目包括「對進門客人的問候」、「問候的時間點」、「問候時的表情」等大約五十項，滿分為一百分。

最後，我請他們**像玩目標達成遊戲一樣擬定策略**，思考如何才能達到評分標準。我之所以故意「洩題」，是希望大家能以玩遊戲的心情投入其中。

在其中一家分行，我請員工針對目標，提出他們的想法，看看具體上應該做些什麼。然後，製作了整家分行的地圖和各部門的地圖，將可以做到的事寫在便利貼上，然後貼在地圖上，讓大家都能看到，感覺就像在玩遊戲一樣，輕鬆有趣的進行。

例如，針對「眼睛很少看著客人」這個問題，櫃檯人員忙碌的時候，由後方職員支援，注意客人的動向。針對「說『謝謝』的次數太少」這項毛病，則將動不動就會脫口而出的「不好意思」，改成「謝謝」等等。

在另一家分行，因為建築結構的關係，當客人從自動門進入銀行時，會產生視覺上的死角，所以櫃檯的問候會延遲。為了解決這個問題，由後方能夠清楚看見客人進門的員工先出聲問候，接著櫃檯人員再說「歡迎光臨」，跟客人打招呼。當然，務必面帶笑容，以開朗的語氣來歡迎客人。就這樣，在各家分行的討論結束之後，我請分行各自發表他們的改善對策。

幾個月後，我們再度進行神秘客調查。結果，各家分行的分數都上升了。其中，有一家分行上次只拿到三十分，這次卻很戲劇化的提升到九十分。負責人感動的說：「簡直就像奇蹟一樣！」不過，也有少數幾家分行幾乎沒有變化。它們的差別究竟在哪裡呢？

各家分行發表改善策略時，分數大幅提升的分行經理帶著開朗的表情，一一說明針對什麼問題，有何具體說做法。而完全不見成長的分行的經理只是很粗略的說：「我們大家會一起努力。」看來那位分行經理的想法和態度也影響了員工，所以才沒有展開具體的行動。

換言之，**一個組織是否能夠改善，取決於領導者的意識。**如果真的希望讓職場變得活潑有朝氣，建議按照以下步驟試試看。

① 將自家團隊的「優勢」告訴部下。

② 和部下一起討論，「希望將自家公司打造成什麼樣的職場」，描

繪出「理想的模樣」。

③大家一起針對如何實現這個願望，思考具體方法，並加以「視覺化」。

領導者的熱情一定會帶動部下，讓職場朝著大家心目中的理想模樣改變。

POINT

- 領導者的意識是改變組織的關鍵。
- 很重要的一點是，要和部下共享「理想狀態」的願景，合力克服難題，並且享受整個過程。

只要領導者有所察覺，職場就會改變

最後，我想介紹一個醫療機構的護理師實踐案例。

因為醫療現場的工作攸關性命，大家很容易把注意力放在失誤或沒有做到事情上。也因此，職場容易籠罩在一股緊張的氛圍中，導致人際關係惡化，離職率也因而升高。如果領導者想改善這種狀況，就必須仔細觀察每一位護理師，並且真誠的與之互動。

面無表情、不容易接近的A護理師

A護理師是一位中堅護理人員，平時很少表露喜怒哀樂，給人一種

不好接近的感覺。她說話時的語氣不算禮貌，出口就是「幫我做○○」、「○○做完了嗎？」從外表上看起來，A護理師總是不帶感情的在工作，因此周遭的人對她的評價並不高。

不過，一旦整個團隊一起投入新人訓練時，新進護理師們最依賴的人竟然是A護理師。仔細觀察A的行動，我們發現他非常了解新進護理師的困擾，總是能在最佳時機出手協助。領導者察覺這一點後，決定善用A的優點，請他負責新人訓練。

當時A問道：「我可以嗎？」領導者告訴A：「因為A一直是最關注新人的人，而且也適時提供協助，所以我想把這個工作交給你。」之後，領導者不斷告訴A：「我聽說新人們最依賴的就是A」、「新人訓練進行得非常順利，謝謝你」。

領導者表明「我一直在觀察你的工作表現」這件事，對A來說是一

種鼓勵，所以A也開始心懷喜悅的投入工作。不僅表情變得柔和了，也明顯成長許多。

拒絕自己不擅長工作的B護理師

但凡資料整理等相關工作，B護理師一概拒絕，對於本應屬於責任範圍之內的報告書，也是遲遲不交，只丟下一句「太麻煩了」。再加上她總是一臉嚴肅，讓周圍的同事感到非常困擾。

領導者沒有責備B護理師，而是觀察B的行動，思考他為什麼不提交資料。結果發現，B護理師花了很多時間照顧病患。不管病患提出的要求有多麼不合理，B都會盡量滿足他們。這位領導者也因而發現，原來B護理師是「把病患的事擺在第一優先」，所以才無暇處理書面資料。

在那之後，領導者不斷對B說：「你總是把時間花在照顧病患上面」、「所以，你從來不會錯過病患的細微變化，也都能準確報告，謝謝你」。結果，不知不覺間，原本討厭寫報告的B護理師，竟然變成最早交書面資料的人。

自我肯定感很低的C護理師

不管是對自己或他人，C護理師總是不斷的在挑毛病。因為他從不接受別人的請託，所以周遭同事都對他總是敬而遠之。在職場上，他只負責一項工作，卻經常請假，做事也總是提不起勁。

在這樣的狀況下，領導者主動找到了C護理師的優點，並且鼓勵他：「C護理師的報告、聯絡、商量做得相當確實，因為細節也交代得非常清楚，真的幫了很大的忙，謝謝你，你不在就傷腦筋了。」

從那時開始，C護理師不再請假，也變得願意傾聽他人說話，而且開心接受別人的請託。**領導者肯定C的話語，打動了他。**後來，職場上的人對C護理師的評價也逐漸提高了。

POINT

- 擺脫先入為主的觀念，就一定能發現對方的優點。
- 如果領導者展開行動，整個職場的氛圍就會開始轉變。

讚美專欄 5

打造具有魅力的團隊

根據「一般社團法人日本效率協會」於二〇一八年所實施的問卷調查，許多人表示，他們覺得「有困難時能互相幫助」、「團隊夥伴的感情很好」等人際關係良好的團隊特別有魅力。

此外，調查也發現，影響人們對團隊滿意度的原因，主要是團隊領導者的管理能力。建議大家透過讚美，改善團隊氛圍，打造具吸引力的團隊。

▪ **團隊領導者是否能打造出良好氛圍？**

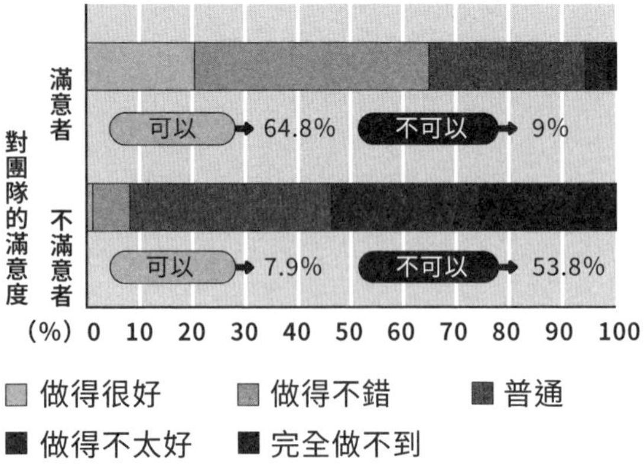

資料來源：一般社團法人日本效率協會
第九屆「商務人士 1000 人調查」【理想的團隊篇】

結語

在我小的時候，父母都非常忙碌，我幾乎沒有被讚美過的記憶。中學時代也一樣，當時我總覺得「自己非常平凡」，無法自在與人交談，分組活動時，總是最後一個才被選上，在人群中非常不起眼。

因為不想就這樣下去，我下定決心要做出改變，考進了京都私立女子高中，是一所我國中母校的學生從來沒人選擇就讀的學校。不過，就算我下定決心「從高中開始改變」，因為學校大部分是從國中直升上來的學生，我一直無法融入她們那種光鮮亮麗的氣氛中。

這時，有個同學跟我說：「要不要到我家來玩？」我非常開心的前往造訪。

「您好。」我在玄關打了聲招呼後，有位老爺爺從後方緩緩走了出來。

「妳來玩嗎？」爺爺的聲音很溫柔。

「是的。」

然後，爺爺說了一句讓我意想不到的話：「妳的笑容好美啊，要珍惜這個笑容喔！」那是有生以來第一次有人讚美我的笑容。即使到了四十五年後的今天，我依舊無法忘記當時的欣喜。

因為爺爺的這一句話，高中畢業後，我試著應徵空服員，結果在激烈的競爭中順利被錄取。每當我感到痛苦的時候，我就會想起爺爺帶著溫柔的笑容說：「妳的笑容好美啊」，讓自己重新振作起來。這段經歷讓我深切感受到，讚美可以為一個人的人生帶來多大的勇氣。

七年前，我接觸到「讚美達人」這個概念。所謂讚美達人指的是那些能夠發現他人不容易察覺的人、事、物的價值，並傳達給眾人的專家。後來，我成為「讚美達人協會」的認證講師，開始在企業、學校等單位，向大家說明讚美的意義和重要性。有人在聽講時流著眼淚說：「我有好多事想向身邊的人道謝。」也有人說，講座隔天職場就發生了巨大改變，並向我表達謝意。

即使是乍看之下滿是缺點的人，也一定有優點。那些原本被視為「缺點」的特質，只要換個角度來看，也可能變成「優點」。我們要做的就是發現這些特質，並為它打上一道光。

事物和經歷一樣，即使是看似最糟糕的狀況，試著從不同的角度去看，就能發現正面的意義，正所謂：「危機就是轉機。」只要能夠練習擴展自己的視野，就能夠發現事物的不同價值。

你是否很容易斷言「這個部下不行」、「最近的年輕人真是……」。事實上，沒有什麼部下是派不上用場的，只因為你的心理視野太過狹隘，沒有看到他們的優點，建議你下定決心去把它們找出來。

請去發現那些連部下本人都未曾察覺的優點，或是藏在他們自以為是缺點的旁邊，那些尚未萌芽的優點「種子」。你越是真心讚美，這些種子就越容易成長、轉化為自信，最終綻放出光芒。請成為一位能夠幫助部下成長的上司。

「先手必笑」，明天早晨開始，請主動帶著笑容打招呼，如此一來，職場就會開始改變。

我知道你也許會想：「怎麼可能隨時帶著笑容。」就算當作被騙也好，請務必試試看。

請帶著笑容，跟周圍的人打招呼：「早安，今天也要麻煩各位囉！」如果有人跟你說：「怎麼了嗎？」那正是絕佳機會！你可以笑著回答：「從今天開始，我要大變身了！」

就像這個世上沒有無能的部下一樣，也沒有無能的上司。只要持續抱著「想幫助部下成長」、「想和部下一起成長」的願望，你就是一個了不起的上司。請懷抱著自信，帶領部下前進。

本書中介紹的「先手必笑」這句話，是我的禮儀導師——禮儀顧問西出博子老師所說的話。十四年前，我在企業的員工研習中進行禮儀指導時，偶然在福岡的一家書店翻閱到西出博子老師的《完全禮儀手冊》（河出書房新社），並在書中看到了這句話。

「主動出擊！面帶笑容！打招呼。」我心想：就是這樣沒錯！

在此，請容我向「Hiroko禮儀顧問集團」負責人西出博子老師、Kanki出版的鎌田菜央美小姐、撰稿人津田淳子小姐，至上誠摯謝意，感謝他們讓這本書有機會出版，並由西出老師親自擔任審訂。

此外，我也要衷心感謝教會我「讚美的美好力量」的「日本讚美達人協會」理事長西村貴好老師，以及讓我有機會學習「感動經營」的「感動經營顧問協會」理事長臥龍老師（本名角田識之）。

最後，誠摯希望閱讀本書的您所屬的公司或職場，每天都能充滿面帶微笑的問候與讚美話語。

獻給面帶笑容讚美他人的你——最棒的你。

二〇一九年六月　中村早岐子

在CHAPTER1提到的手寫紙條，這些簡單的感謝或鼓勵話語，若能透過配上插圖的「讚美溝通卡」來傳達，會有很好的效果。我們會在進行研習或顧問服務的企業中，傳授簡單易上手的繪製技巧，希望這些卡片可以被運用於員工之間，或是與顧客的溝通交流中。

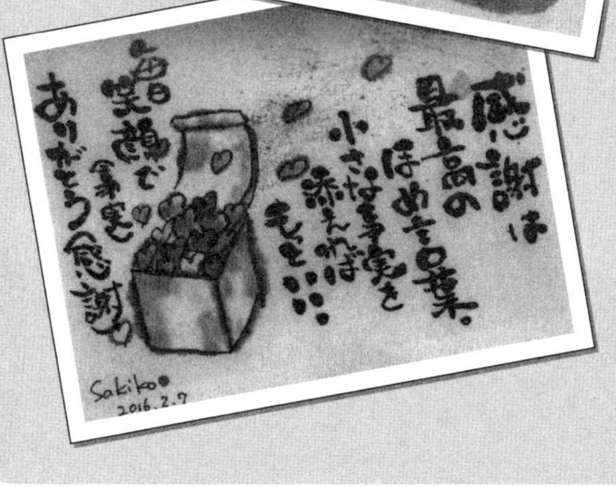

向下讚美

一人でも部下がいる人のためのほめ方の教科書

國家圖書館出版品預行編目（CIP）資料

向下讚美 / 中村早岐子著 ; 吳怡文譯 . -- 第一版 . -- 臺北市 : 寫樂文化有限公司 , 2025.07 面 ;　公分 . -- (我的檔案夾 ; 78)
ISBN 978-626-98912-8-3(平裝)

1.CST: 領導者 2.CST: 組織管理 3.CST: 說話藝術 4.CST: 溝通技巧

494.2　　　114007515

作者	中村早岐子
譯者	吳怡文
主編	周國渝
封面設計	Bianco Tsai
內頁設計	Decon Huang
行銷企劃	洪于茹
出版者	寫樂文化有限公司
創辦人	韓嵩齡、詹仁雄
發行人兼總編輯	韓嵩齡
發行業務	蕭星貞
發行地址	106 台北市大安區光復南路 202 號 10 樓之 5
電話	(02) 6617-5759
傳真	(02) 2772-2651
讀者服務信箱	soulerbook@gmail.com
總經銷	時報文化出版企業股份有限公司
公司地址	台北市和平西路三段 240 號 5 樓
電話	(02) 2306-6600

第一版第一刷 2025 年 7 月 1 日
ISBN 978-626-98912-8-3

Hitori Demo Buka Ga Iru Hito No Tame No Homekata No Kyokasyo